영화가 좋다
여행이 좋다

명작 영화의 촬영지로 떠나는 세계여행

영화가 좋다 여행이 좋다

지은이 세라 백스터 | 일러스트 에이미 그라임스
옮긴이 최지원

올댓북스

METROPOLITAIN
La Bulle Montmartre
Musée de Montmartre

목 차

들어가며

스포일러 주의! 어떤 영화를 보다 보면, 세련된 양복을 입은 신사나 마법 지팡이를 든 소년, 집요한 성격의 요정이나 보랏빛 머리의 발랄한 아가씨보다 그들이 속한 세계가 더 매력적일 때가 있다. 그곳은 어떤 마을이나 도시, 지역, 나라일 수도 있고, 특수한 시기의 특수한 환경일 수도 있다. 적막한 모래사막은 주인공의 쓸쓸한 내면을 넌지시 드러내 주며, 컴컴한 밀림은 그 어떤 괴물보다 무시무시한 본성을 숨기고 있다. 이렇듯 영화의 배경이 되는 장소는 단순히 경치에 머무는 게 아니라, 주인공의 행동을 결정하고 플롯의 흐름에 관여하며 전체적인 분위기를 좌우한다.

영화에서 특별히 인상적이고 매력적인 장소를 마주하면, 우리는 그 안으로 뛰어들고 싶은 충동을 느낀다. 그중에는 천혜의 비경도 있고 흥미로운 민속 마을도 있으며 신비로운 별세계도 있다. 영화 한 편으로 한 지역의 관광 산업이 유례없는 호황을 누리기도 한다. 〈반지의 제왕〉 시리즈를 촬영한 뉴질랜드, 〈비치〉로 유명해진 태국의 피피섬을 생각해 보라. 뮤지컬 영화 〈사운드 오브 뮤직〉의 배경인 잘츠부르크는 또 어떤가. 잘츠부르크를 방문하는 미국 관광객의 75퍼센트가 이 고전 명작을 추억하려는 팬이라는 것은 널리 알려진 사실이다.

영화 속 명장면을 체험해보려고 구체적인 장소를 찾는 경우도 있다. 〈해리가 샐리를 만났을 때〉의 성지 순례자들이 뉴욕 카츠 델리Katz's Deli에서 '지금 저 여자가 먹는 것'을 주문한다든지, 해리 포터 시리즈의 팬들이 스코틀랜드에서 재커바이트 열차(Jacobite Steam Railway, 일명 호그와트 급행 열차)를 타보려고 안달하는 것이 좋은 예이다.

이 책에서 우리는 영화 스물다섯 편의 배경이 된(머나먼 은하계의 풍경까지 포함된) 촬영지를 둘러볼 것이다. 아시아의 역동적인 대도시들과 울트라캡숑 환상적인 호주의 아웃백, 고풍스러운 유럽 도시들과 외계 행성의 느낌을 물씬 풍기는 사하라 사막까지 다채로운 풍경을 감상하게 될 것이다.

장르도 각양각색이다. 폐쇄된 집단에서 벌어지는 포크 호러

(folk horror, 호러 영화 및 문학의 하위 장르. 고립된 시골을 무대로 미신이나 토속 신앙, 자연이 주는 공포 등을 활용—역주), 예술성을 갖춘 스릴러, 땀과 눈물이 있는 스포츠 영화, 선구적인 SF, 독특한 로맨틱 코미디, 관능적인 시대극까지 골고루 들어가 있다. 주인공들과 함께 갈 데까지 가보는 로드무비도 몇 편 준비했다. 배경도 분위기도 다른 이 영화들에 한 가지 공통점이 있다면 지역색을 잘 살린 작품들이라는 점이다. 이 영화들을 다른 장소에서 촬영한다는 건 이제 상상조차 하기 힘들다.

그중에는 풍광 자체가 모든 걸 말해주는 영화도 있다. 〈레버넌트: 죽음에서 돌아온 자〉는 설원을 전면에 내세워 극강의 비주얼을 자랑한다. 한겨울에 북미의 미개척지에서 전개되는 이 놀라운 복수극을 보고 있노라면, 코끝까지 날카롭고 청량한 공기가 느껴지고, 얼음 낀 강물에 들어간 듯 으슬으슬 떨리면서 온몸이 뼛속까지 시려온다. 어떻게든 살아서 복수하려는 레오나르도 디카프리오의 발걸음을 따라가는 동안, 우리는 어느새 이 영화의 진정한 주인공은 잔혹하지만 아름다운 대자연이라는 것을 깨닫게 된다.

그런데 사실 이 영화는 작품 속 배경인 미국의 몬태나와 사우스다코타 주가 아닌 캐나다 앨버타의 국경 부근에서 촬영되었다. 물론 실제 장소를 그대로 옮겨놓은 영화들도 많다. 〈아라비아의 로렌스〉의 경우 실존 인물인 T. E. 로렌스가 활동했던 요르단 사막에서 주요 장면을 촬영했다. 블랙 코미디인 〈킬러들의 도시〉가 그토록 매력적인 것은 폭력과 욕설과 무례함이 난무하는 장소가 브뤼헤의 동화 같은 운하와 자갈길이기 때문이다. 행위와 배경이 절묘한 대비를 이루는 것이다.

정치사회학적 조건도 중요한 역할을 한다. 브루클린을 배경으로 한 스파이크 리의 〈똑바로 살아라〉는 실제 브루클린의 한 구역에서 촬영하여, 현지의 상점과 주택들은 물론이고 1980년대 뉴욕이라는 문화적 배경을 효과적으로 전달한다.

영화의 배경이 창작자의 뮤즈가 되는 경우도 있다. 잉마르 베리만은 〈페르소나〉를 촬영한 스웨덴의 외딴 섬 포뢰에서 40여 년을 살며 작품 활동을 이어나갔다. 이제는 포뢰섬 하면 잉마르 베리만을 떠올리는 사람이 더 많을 것이다. 소설가 이언 플레밍은 제임스 본드 시리즈를 한 권도 빠짐없이 자메이카에서 집필했는데, 그런 인연으로 이 카리브해의 섬나라를 배경으로 한 〈007 살인번호〉가 제임스 본드의 스크린 데뷔작이 되었다.

본문에 들어가기에 앞서 스포일러에 대한 양해를 구하고 싶다. 주인공의 행적이나 그들이 사는 세상을 구체적으로 밝히는 장들이 있으니, 가능하다면 영화를 먼저 보고 책을 읽는 것을 추천한다. 하지만 사정이 여의찮다면 나중에라도 이 스물다섯 편은 꼭 감상하길 바란다. 평소의 영화 취향과 관계없이 모든 작품에서 고유한 매력을 발견하게 될 것이다. 설령 동양 무술에 문외한이어도 절권도의 달인 브루스 리가 악당들을 물리치는 홍콩의 풍경에는 눈이 돌아갈 수밖에 없다. 히치콕표 스릴러의 광팬이 아닐지라도 영화의 배경인 샌프란시스코의 언덕배기를 보면 절로 가슴을 졸이게 된다.

우리는 영화를 통해 편안하게 앉아 여행을 즐길 수 있다. 화면 너머로 펼쳐지는 복잡한 대도시나 탁 트인 대자연, 역사적인 순간, 외계 은하로 빨려 들어가 본 경험은 누구나 한 번쯤은 있을 것이다. 한가한 오후에 한두 시간(혹은 세 시간)만 짬을 내면 다른 세계로 순간이동을 할 수 있다니, 얼마나 매력적인 일인가. 그리고 언젠가 현실에서 그 매력적인 장소로 훌쩍 떠나게 된다면, 그래서 영화 속 세상에 두 발을 딛고 직접 이야기의 주인공이 되어 본다면 금상첨화라 할 수 있겠다.

작품명 〈패딩턴〉(폴 킹, 2014)

배경 화려한 야경과 유명한 랜드마크, 오랜 역사를 자랑하는 영국의 다문화 도시

런던
LONDON

철강과 유리로 된 거대한 반원통형 천장이 하늘을 찌를 듯 높이 솟아 있고, 정교한 철제 장식 구조물 사이사이로 햇살이 비쳐 든다. 대성당을 방불케 하는 이 우아한 기차역은 단순히 실용적인 공간을 넘어 아름다운 예술품을 목표로 건설되었다. 하루에도 무수히 많은 기차가 드나들며 출퇴근하는 승객들을 쏟아내면, 웅장한 지붕 아래 매끄러운 석회질 바닥 위로 종일 수만 명의 발소리가 울려 퍼진다. 이처럼 흥미로운 공간에 꼬마 곰 한 마리가 들어선다. 빅토리아 시대의 웅장한 건축물과 9백만 명이 거주하는 대도시의 위용 앞에서 새로운 보금자리를 찾는 그의 모습은 한없이 작아 보인다.

패딩턴Paddington 역은 그레이트 웨스턴 철도의 런던 종착역으로, 토목 기술자인 이점바드 킹덤 브루넬Isambard Kingdom Brunel의 대표작으로 꼽힌다. 1854년 개통 당시 세계에서 가장 큰 기차역이었으며(3개의 지붕 중 가장 큰 것은 길이가 31미터나 됨), 그보다 3년 앞선 만국박람회에 공개된 수정궁Crystal Palace에서 영감을 얻어 설계되었다. 이때부터 패딩턴 역은 오랜 세월 런던의 주요 교통 시설로 활용되었고, 런던 사람들이 가장 사랑하는 곰돌이(영화의 원작 소설인 〈내 이름은 패딩턴*A bear called Paddington*〉에 처음 등장–역주)에게 이름을 빌려주기도 했다.

1958년, 아동 문학가 마이클 본드Michael Bond는 페루의 깊은 숲속에 살던 꼬마 곰이 브라운 가족의 일원이 되는 소설을 발표했다. 이 이야기는 2014년에 실사 영화로 제작되어 사랑스러운 곰돌이가 스크린에 진출하는 경사를 맞이했다. 영화 〈패딩턴*Paddington*〉(감독 폴 킹Paul King)은 빅벤 시계탑과 근위병, 빨간 공중전화 부스와 지하철 등 런던을 상징하는 다양한 풍경을 보여주며 관광 홍보 역할을 톡톡히 한다. 하지만 거기서 그치지 않고 패딩턴의 우화를 통해 이민과 외국인 혐오, 이방인을 대하는 우리의 태도를 다시금 곱씹어보게 한다. 21세기형 인종의 용광로인 런던에 꼭 필요한 이야기라 할 수 있겠다(현재 런던 인구는 3분의 1이 해외 출신이며, 약 270여 개의 민족으로 구성돼 있음).

"너희가 런던에 온다면, 모두 따뜻하게 환영해줄 거야." 영화의 도입부에서 탐험가 몽고메리 클라이드는 페루에서 만난 총명한 곰 커플(루시 숙모와 파스투조 삼촌)에게 이렇게 말한다(이 장면은 실제로는 코스타리카에서 촬영함). 패딩턴이 처음 영국에 발을 디딘 곳은 템스 강변의 틸버리 부두Tilbury Docks이다. 에식스 카운티에 자리한 이곳은 오래전부터 런던의 주요 항구로 이용되었으며, 1948년에 엠파이어 윈드러시Empire Windrush 호가 도착한 곳도 바로 여기였다. 이 배에는 새로운 기회를 찾아 서인도 제도를 떠나온 이민자들이 타고 있었다.

트리니다드 토바고에서 온 칼립소 뮤지션 앨드윈 로버츠(로드 키치너Lord Kitchener라는 예명으로 더 널리 알려짐)도 그중 한 명으로, 그가 부른 '런던 이즈 더 플레이스 포 미*London is the Place for Me*'는 영화 〈패딩턴〉에 배경음악으로 삽입되었다. 패딩턴이 탄 택시가 브라운 가족의 집까지 일부러 멀리 돌아가는 동안 이 풍자적인 노래가 흘러나온다.

패딩턴은 차창 밖으로 보이는 런던 아이(London Eye, 대관람차)와 타워 브리지Tower Bridge, 세인트 폴 대성당St Paul's Cathedral 같은 화려한 볼거리에 눈이 휘둥그레진다. 추적추적 내리는 밤비도 이 도시의 활기를 앗아가지는 못한다.

영화에는 패딩턴 역도 당연히 등장한다. 택시를 타기 전, 우편물 수송 차량에 실려 패딩턴 역으로 옮겨진 우리의 꼬마 곰은 여기서 브라운 가족을 만나 패딩턴이라는 영국식 이름을 얻는다. 스크린에 비친 기차역의 외관은 인근의 메릴본 역이었지만, 내부는 실제 패딩턴 역에서 촬영되었다. 패딩턴 역은 1990년대에 재건되면서 기존의 유리 지붕이 폴리카보네이트로 교체되고 노후된 장식 구조물은 새롭게 복원되였다.

영화 속에서 놀라운 만남이 이루어진 이 역에는 실제로도 방문객들이 깜짝 놀랄 만한 선물이 마련되어 있다. 곰돌이 패딩턴이 여행 가방에 앉아 있는 청동 조각상이다. 그의 목에는 피난민 같은 쪽지('부디 이 곰돌이를 보살펴주세요. 감사합니다')가 걸려 있다. 궁금하다면 1번 플랫폼의 시계 밑을 찾아가 보시길.

브라운 가족은 웨스트 런던 지구 모처에 있는 '윈저 가든 32번지'에 살고 있다. 영화 촬영에 사용된 집은 고급 주택가인 프림로즈 힐Primrose Hill에서도 챌콧 크레센트Chalcot Crescent에 위치한 2급 문화재이다. 연한 하늘색과 레몬색, 캔디 핑크 색상의 집들이 구불구불 길게 이어진 빅토리아 시대의 타운하우스인데, 도리스식 기둥이 우뚝 선 현관과 무쇠로 만든 발코니가 특징이다. 실제로 이곳은 어마어마한 고가 주택으로, 2021년 기준 부동산 평균 가격이 250만 파운드(한화 약 40억 8천만 원–역주)를 상회한다.

그루버 골동품점의 촬영지는 실제로도 영화에서 묘사된 바로 그 위치에 자리하고 있다. 웨스트 런던의 노팅힐Notting Hill에서 알록달록한 건물들이 즐비한 포토벨로 로드Portobello Road를 찾아가면 된다. 패딩턴은 헝가리 출신 난민이 운영하는 골동품점에 찾아가 자신의 트레이드마크인 빨간 모자의 원래 주인에 대해 탐문한다. 외벽의 전면이 빨간색인 포토벨로 86번지는 실제로 '앨리스 앤티크Alice's Antiques'라는 오래된 상점이며, 이와 비슷한 점포가 1천 개 이상 운영 중인 포토벨로 로드는 세계에서 가장 큰 골동품 시장이다.

노팅힐은 오래전부터 다양한 문화가 어우러진 창의적인 동네였다. 처음 농경지에서 도심으로 개발되던 19세기, 이곳은 런던 중심부에 가까우면서도 집값이 훨씬 저렴해서 주로 예술가들이 모여들었다. 20세기에 접어들면서 가난한 이민자들(윈드러시 호의 이민자 상당수를 포함)이 이곳에 대거 정착했고, 이로 인해 민족 구성이 복잡해지며 1958년에 인종 폭동이 일어나기도 했다. 1966년에는 불화를 극복하고 화합을 도모하는 노팅힐 카니발이 개최되었고, 이 흥겨운 축제는 오늘날까지도 성대하게 이어지고 있다.

영화의 클라이맥스는 자연사 박물관Natural History Museum에서 펼쳐진다. 패딩턴이 박제사인 밀리센트 클라이드(니콜 키드

먼Nicole Kidman 분)에게 붙잡혀 박제될 위기에 처하지만, 브라운 가족이 그를 구출한다. 사우스 켄싱턴South Kensington에 있는 자연사 박물관은 도저히 그냥 지나칠 수 없는 건축물이다. 앨프리드 워터하우스Alfred Waterhouse가 설계한 로마네스크 양식의 이 건물은 1881년에 개관했으며, 당시는 대기 오염이 심했던 탓에 건물 전체를 테라코타(점토를 구워 만든 건축 자재로, 오염물질이 쉽게 씻겨 내려감-역주)로 만들었다.

건물 외부는 다양한 동물 조각품으로 장식돼 있다. 동편에는 멸종 동물(익룡 가고일, 암모나이트와 도도새 부조 등)이, 서편에는 현존하는 동물(사자 가고일, 원숭이 부조 등)이 곳곳에 자리하고 있다.

영화에서 패딩턴은 커다란 메인 홀에 전시된 디플로도쿠스의 등뼈를 총총히 밟으며 도망친다. '디피'라는 애칭으로 불리던 이 공룡 화석은 2017년에 대왕고래의 골격으로 교체되었는데, 이 새로운 전시품 또한 대단한 볼거리이다. 이 홀의 아치형 천장도 놓쳐서는 안 된다. 162개의 천장 패널에 전 세계 식물의 세밀화가 그려져 있으니, 이곳을 방문한다면 반드시 고개를 뒤로 젖히고 하나하나 감상해보기 바란다.

이처럼 자연사 박물관에는 우리가 상상할 수 있는 모든 것이 전시돼 있다. 런던이라는 도시도 그와 흡사하다. 그래서 영화는 다음과 같은 패딩턴의 희망찬 대사로 결론을 맺는다. "런던 사람들은 가지각색이라 누구든 섞여들 수 있대요."

작품명 〈뜨거운 녀석들〉(에드거 라이트, 2007)

배경 고풍스러운 골목에서 총격전이 벌어지는, 영국 서머싯 카운티의 조용한 시골 마을

웰스

WELLS

영국에서 가장 안전한 (혹은 그렇다고 주장하는) 마을이 있다. 교과서를 그대로 옮겨놓은 듯한 시골 동네이다. 첨탑이 높이 솟은 교회와 마을에 깔린 자갈길이 이곳의 역사를 말해준다. 목조 기둥과 서까래가 돋보이는 술집에서는 미지근한 에일 맥주를 팔고, 가로등에는 화분을 매달아 장식했으며, 중세풍 해자에선 백조들이 노닐고 있다. 예스러운 정취를 즐기는 사람에게 이보다 매력적인 관광지는 없을 것이다. 하지만 그토록 우아해 보이는 백조가 수면 아래서는 필사적으로 발을 젓고 있는 것처럼, 실은 이 마을에도 엄청난 비밀이 숨겨져 있다.

〈뜨거운 녀석들*Hot Fuzz*〉의 배경인 '샌드퍼드'는 비록 가상의

마을이지만, 영국 어디서나 볼 수 있는 시골이라 해도 무방하다. 그런데 이곳에서 벌어지는 일은 완전히 할리우드급이다. 바로 거기서 절묘한 부조리가 탄생하며 영화적 관습에 저항하는 새로운 영화 철학이 고개를 든다. 영국 남서부에 있는 가상의 시골 마을을 배경으로 자동차 추격전과 총격전, 끔찍한 유혈 사태, 할리우드 대작에나 나올 법한 대규모 폭발이 줄줄이 이어진다. 그런 의미에서 이 영화는 수많은 모방과 차용을 이어붙여 완성한, 액션 명작들에 대한 오마주이자 영국인의 편협함을 신랄하게 비판한 풍자극이라 할 수 있다.

런던의 엘리트 형사인 니컬러스 에인절(사이먼 페그Simon Pegg 분)은 전근 명령을 받고 샌드퍼드에 도착한다. 그런데 마을 사람들은 고작 스프레이 페인트로 낙서를 하는 동네 애송이들과 동상 분장을 한 행위예술가 때문에 '올해의 마을 상'을 놓칠까봐 전전긍긍하고 있다.

언뜻 범죄와는 무관해 보이는 단조로운 이 마을은 실제로 서머싯Somerset 카운티의 웰스Wells를 스크린으로 옮겨놓았다. 웰스는 영국에서 가장 작은 동네이자 감독인 에드거 라이트Edgar Wright의 고향이기도 하다. 석회암 구릉지대인 멘딥 힐스Mendip Hills 아래에 자리 잡고 있으며, 좌우에는 글래스턴베리Glastonbury와 드넓은 서머싯 평원이 펼쳐져 있다. 로마 시대에는 이곳에 로마인 정착지가 설립되었는데, 시내 중심부에 치유 효과가 있다는 우물well이 세 개 조성되어 마을에 웰스Wells라는 이름이 붙었다고 한다.

8세기 초반, 웨식스의 이네Ine of Wessex 왕이 이곳을 교구 교회 설치 지역으로 선정하며 촌락의 종교적 지위가 상승했다. 그 덕분에 웰스는 비교적 작은 마을임에도 영국에서 가장 아름다운 중세 교회 중 하나를 유치하게 되었다. 얼마나 월등히 아름다웠는지 영화에서는 샌드퍼드의 소박한 분위기를 깨뜨리지 않으려고 이 교회를 디지털로 지워버렸다.

그러나 훌륭한 고딕 교회 없이도 웰스는 소도시의 매력을 아낌없이 발산한다. 에인절 경사가 강아지 같은 외모에 액션 영화를 즐겨보는 대니 버터먼(닉 프로스트Nick Frost 분) 순경과 마을을 순찰할 때, 카메라는 평범한 구멍가게와 골목들을 구석구석 비춰준다. 그리고 얼마 후 이 장소들은 화약 냄새와 피비린내가 진동하는 연쇄 살인의 무대가 되어버린다.

현재 웰스에서는 〈뜨거운 녀석들〉의 촬영 현장을 샅샅이 둘러보는 워킹 투어를 진행하고 있다. 영화의 클라이맥스인 총격전을 비롯해 중요한 장면은 대부분 하이 스트리트High Street와 마켓 스퀘어Market Square에서 촬영했다. 대니가 코네토 아이스크림을 사먹던 시티 뉴스City News와 달변가인 사이먼 스키너(티

머시 돌턴Timothy Dalton 분)가 운영하는 서머필드 슈퍼마켓(현재는 폐업), 에인절이 백조 실종 사건에 대한 진술을 듣는 비숍 아이Bishop's Eye 아치문, 18세기에 건설된 마켓 크로스Market Cross와 분수가 전부 이곳에 있다.

에인절과 대니가 가끔 들러 맥주/크랜베리 주스를 마시는 크라운Crown 펍도 마찬가지이다. 15세기에 지어진 이 술집의 실내 공간은 촬영에서 제외되었지만, 이곳은 무려 1695년부터 경찰과 인연을 맺어왔다. 퀘이커교도이자 신대륙의 개척자로 훗날 펜실베이니아를 건설한 윌리엄 펜William Penn은 바로 이곳의 2층 창문에서 3천여 명을 상대로 연설을 하다가 불법 집회를 주도한 혐의로, 영장을 들고 출동한 경관에게 체포되었다. 그 인연으로 크라운 펍에는 지금까지도 윌리엄 펜과 〈뜨거운 녀석들〉 영화 출연진의 방문을 기념하는 현판이 걸려 있다.

웰스를 방문한다면 에인절이(그리고 상당수의 다른 출연진도) 묵었던 스완 호텔Swan Hotel에 숙박하는 걸 추천한다. 서머싯 카운티에서 가장 큰 성공회 교회인 세인트 빈센트(St Vincent's. '세인트 커스버트St Cuthbert's'라고도 함)도 둘러볼 만하다. 샌드퍼드 축제가 한창일 때 교회 지붕에서 떨어진 돌 장식에 기자인 팀 메신저의 머리가 뭉개진 곳이다.

13세기에 건설된 비숍 팰리스Bishop's Palace는 비열한 행동을

서슴지 않는 마을 감시 연맹의 회동 장소였다. 이곳의 해자에 사는 백조들은 1850년대부터 문루에 있는 종을 울려 먹이를 받아먹는 훈련이 되어 있다고 한다. 때로는 현실이 허구보다 놀라운 법이다.

작품명 〈위커 맨〉(로빈 하디, 1973)

배경 고대 신앙의 유물과 기독교 전통이 공존하는, 스코틀랜드의 묘하게 이국적인 섬

덤프리스 갤러웨이

DUMFRIES & GALLOWAY

아담한 시골집, 춤추는 아이들, 빙빙 도는 갈매기, 그윽한 은빛 바다. 평화롭기 그지없는 풍경이건만 어딘가 살짝 어긋나 있다. 우체국 진열창에 해괴한 사탕들이 늘어서 있고, 약국에는 포피 조각들이 담긴 유리병이 있으며, 술집 밖에선 연인들이 대놓고 성행위를 벌인다. 그러다가 거센 바람이 몰아치고 해가 저물 무렵, 섬에는 뜨거운 불길이 타오르는데…….

영화 〈위커 맨*The Wicker Man*〉(감독 로빈 하디Robin Hardy)은 상상을 뛰어넘는 기이한 이야기이다. 수백 년 전의 민간 설화를 재구성한 허구의 창작물이지만, 실화를 바탕으로 했다는 점에서

더욱 소름이 끼친다. 근엄한 성격의 닐 하위 경사(에드워드 우드워드Edward Woodward 분)는 서머아일Summerisle이라는 외딴 섬에서 한 소녀가 실종되었다는 익명의 제보 편지를 받고 그곳으로 출동한다. 하지만 섬사람들은 서로 단합해 닐의 수사를 방해한다. 그들은 바깥세상과 완전히 단절된 채 기독교 신앙을 버리고 자신들만의 규범을 따르고 있다. 사악한 본모습을 감추고 있는 서머아일 경(크리스토퍼 리Christopher Lee 분)의 통솔 아래 이교도 신들을 섬기고 아무하고나 성관계를 맺는가 하면, 외설적인 노래를 부르고 원시적인 의식을 거행하며, 종국에는 산 제물을 불에 태우는 끔찍한 봄축제를 거행한다.

독실한 기독교 신자인 닐은 수상비행기를 타고 본토에서 서머아일로 날아간다. 스카이섬Isle of Skye의 트로터니시Trotternish 반도 위를 지나, 비행기는 로크 캐런Loch Carron 호숫가에 있는 플록톤Plockton에 착륙한다. 하지만 실제로 거의 모든 장면은 스코틀랜드 본토에서 촬영했고, 섬으로 나가는 일은 없었다. 대부분의 촬영은 스코틀랜드 남서부 지방인 덤프리스 갤러웨이Dumfries & Galloway에서 진행되었다. 그중에서도 주요 촬영지였던 마차스Machars는 아이리시해(Irish Sea, 그레이트브리튼섬과 아일랜드 사이에 있는 바다–역주)에 면해 있으며, 비옥한 농토와 모래톱, 삭막한 해변과 날카로운 바위 절벽이 어우러진 독특한 곳이다.

가상의 섬인 서머아일에서는 풍성한 수확을 위해 인간의 목숨을 바치지만, 덤프리스 갤러웨이에서 야자수와 과실수가 무성하게 자라는 건 태양 숭배와 희생 제물이 아닌 따뜻한 멕시코만류(멕시코만에서 대서양을 거쳐 유럽 서북 해안을 따라 북극해에 이르는 세계 최대의 난류－역주) 덕분이다. 꽃과 나무가 울창한 서머아일 경의 사유지는 로건 식물원Logan Botanic Garden에서 촬영했다. 이 지역의 기후는 아열대에 가까워서 스코틀랜드에서 가장 이국적인 꽃들을 감상할 수 있다. 영화에 등장하는 서머아일 경의 저택은 두 군데의 실제 장소를 합쳐놓은 것이다.

외관을 제공한 컬지언Culzean성은 에어Ayr 인근의 절벽 꼭대기에 있는 18세기의 건축물이며, 일반인의 관람을 허용하고 있다. 실내는 로킨치Lochinch성인데, 이곳은 입장이 불가능하지만 옆에 있는 케네디Kennedy성 정원은 둘러볼 수 있다. 영화에서 축제 행렬이 지나가다가 스티로폼으로 만든 선돌 구조물 앞에 멈춰 서던 바로 그 장소이다. 진짜 선사시대 유적을 보고 싶다면 드럼트로던 선돌Drumtroddan Standing Stones과 토어하우스 환상열석Torhouse Stone Circle도 그리 멀지 않은 곳에 있으니 찾아가 보기 바란다.

그밖에 커큐브리Kirkcudbright와 안워스Anwoth 등지에서도 영화 촬영지(각각 우체국 건물과 폐허가 된 교회)를 찾아볼 수 있다.

영화의 마지막 장면은 마차스 반도의 최남단인 버로 헤드Burrow Head에서 찍었다. 이곳은 바람이 거세서 거대한 인형을 태우기에 안성맞춤인 장소이다. 영화의 제목이기도 한 이 '위커 맨'의 흔적은 이제 찾아볼 수 없다.

아이러니하게도 기독교가 처음 스코틀랜드에 전파된 지역이 바로 이 부근이다. 로마에서 유학한 성 니누스St Ninian가 서기 397년에 기독교 신앙을 들여오면서 스코틀랜드 남서부에 칸디다 카사(Candida Casa, 라틴어로 '하얀 집'이라는 뜻)라는 수도원을 세웠다. 현재는 휘트혼Whithorn이라고 불리는 이 건물은 버로 헤드의 내륙 지역에 위치해 있다. 휘트혼은 스코틀랜드 기독교 성지 순례의 중심지로, 성 니누스의 기적을 바라며 그의 묘지를 찾는 순례객들의 발길이 지금까지 이어지고 있다. 12세기에 지어진 휘트혼 예배당의 유적지에는 성 니누스의 제단도 남아 있다.

반도의 서쪽 해안에 있는 성 니누스 동굴은 몽돌 해변 위로 우뚝 선 거대한 바위가 깊이 쪼개지며 생겨났으며, 오래전부터 신앙심 깊은 성인들의 은신처로 사용되었다. 영화에서 축제 행진을 마치며 바다의 신에게 맥주 한 통을 바치는 곳이 바로 이 동굴 아래 해변이다.

이 의식이 거행된 직후, 닐은 마침내 실종된 소녀를 발견하고 그녀의 목숨을 구했다며 안도한다. 하지만 여기서 기막힌 반전이 일어난다. 기도문이 울려 퍼지던 평화롭고 아름다운 섬에 지옥 불과 같은 화염이 치솟으면서 무시무시한 결말이 우리를 맞이한다.

작품명 〈판의 미로〉(기예르모 델 토로, 2006)

배경 스페인의 참담한 역사가 어른거리는 산맥과 폐허가 되어버린 쓸쓸한 마을

벨치테/과다라마산맥

BELCHITE & THE SIERRA DE GUADARRAMA

이곳의 산과 마을에는 수많은 희생자의 넋이 어려 있다. 무너진 담장과 부서진 도로 위, 숲속 공터와 뒤틀린 고목의 뿌리에서 안타깝게 세상을 떠난 이들의 영혼이 느껴진다. 피로 얼룩진 공간들은 저마다의 애처로운 사연을 담고 있다. 그리고 현실이 너무 가혹해지면 사람은 환상의 영역으로 도망치기 마련이다.

영화 〈판의 미로*Pan's Labyrinth*〉의 감독 겸 작가인 기예르모 델 토로Guillermo del Toro는 파시스트 정권하에 폭력이 난무하던 스페인의 현실과 어린 소녀가 상상하는 동화 같은 세계를 하나로 엮어냈다. 영화가 진행되는 내내 섬뜩한 장면들이 주마등처럼 흘

러간다. 주인공 소녀 오필리아(이바나 바쿠에로Ivana Baquero 분)는 임신 중인 엄마와 함께 산속 마을로 이사한다. 새아버지이자 팔랑헤 당원인 비달 대위(세르지 로페즈Sergi López 분)가 그곳에 주둔하고 있기 때문이다. 외부로부터 고립된 야만적인 병영에 내던져진 오필리아는 곧바로 환상의 세계로 빠져들고, 현실과 환상의 영역을 오가며 양쪽에서 서로 다른 괴물을 마주한다. 그런 오필리아에게 가정부는 충고를 해준다. "세상은 네가 읽는 동화책과는 달라. 세상은 잔인한 곳이란다." 오필리아의 환상은 현실 도피로 보일 때도 있지만, 실은 마법 세계에서도 현실 못지않은 참혹한 일들이 벌어진다.

〈판의 미로〉는 비록 판타지가 가미되긴 했어도 현실에 바탕을 두고 있으며, 시간적 배경도 1944년으로 명시된다. 스페인 내전이 끝나고 프랑코의 국민파 정권이 들어선 지 5년이 흐른 시점이다. 하지만 일부 남아 있는 공화파 저항 세력이 소나무가 빽빽이 들어찬 산속에서 산발적으로 활동하고 있다. 이들은 '마키스Maquis'라는 이름으로 불렸는데, 스페인어로 몸을 숨기기 좋은 삼림 지대를 의미한다.

영화에 등장하는 산은 과다라마산맥Sierra de Guadarrama이다. 이베리아 반도의 절경을 만끽할 수 있는 이곳은 해발 2,000미터가 넘는 산마루들이 위용을 자랑하는 국립공원으로, 소나

무 · 참나무 · 향나무와 금작화가 유명하며, 등산로와 자전거 길이 다양하게 조성되어 있다. 수도 마드리드에서 북쪽으로 불과 1시간 거리라 접근성도 좋다. 1936년 여름, 스페인 내전의 첫 전투가 바로 이곳에서 벌어졌는데, 당시는 공화군이 승리를 거두며 국민파 군대의 침입을 막아냈다. 그러나 〈판의 미로〉의 배경이 되는 시점에는 이미 승부가 완전히 뒤집혀 있었다. 영화에서 이 지역을 점령 중인 비달 대위는 공화파 게릴라 대원들을 소탕하며 사디스트적인 쾌락을 즐긴다.

대위의 부대가 병영으로 사용하는 낡은 석조 방앗간은 영화 촬영을 위해 제작한 세트이다. 뒤틀린 무화과나무(오필리아는 그 안에서 거대한 두꺼비에게서 열쇠를 획득함), 아이들을 잡아먹는 눈알 괴물(감독의 말에 따르면 가톨릭교회를 상징함)의 연회장, 고색창연한 돌 미로 등 신비로운 공간들도 전부 마찬가지다. 그런가 하면, 비록 분량은 짧아도 현실의 공간을 그대로 담은 시퀀스도 존재한다. 영화 도입부에서 폭격으로 폐허가 된 유령마을의 건물 잔해를 카메라가 천천히 훑고 지나는 장면이다. 이곳은 과다라마산맥에서 동쪽으로 350킬로미터 떨어진 아라곤주의 벨치테Belchite인데, 내전 중에 가장 많은 희생자가 발생한 격전지로 꼽힌다.

서기 1122년에 건설된 벨치테 성당은 아라곤 국왕의 명으로 아랍권 국가들의 침공을 막기 위해 기독교와 이슬람 권역의 접경지대에 축조되었다. 그로부터 몇 세기가 지난 후, 벨치테는 다시 한번 첨예한 세력 다툼의 최전선이 되어, 스페인 국민파와 공화파 세력이 이곳에서 맞붙었다. 1937년, 수천 명의 목숨을 앗아간 2주간의 포위 공격으로 벨치테는 완전히 폐허가 되었다. 프랑코는 국민파의 힘을 과시하기 위해 무너진 건물들을 철거하지 않고 그대로 남겨두었다. 오늘날 이 건물들은 그저 말없이 전쟁의 덧없음을 호소할 뿐이다.

현재 이 을씨년스러운 도시에서는 다크 투어가 (주간과 야간 두 가지 시간대로) 운영되고 있다. 벨치테의 후손들이 한때는 누군가의 집이었던 돌무더기와 부서진 시계탑, 총알 자국이 가득한 산 마르틴 데 투르San Martín de Tours 성당으로 참가자들을 안내해 과거의 이야기를 들려준다.

최근에는 새로운 사실들도 벨치테의 역사에 속속 추가되고 있다. 2021년 말, 벨치테 묘역 발굴 작업에서 수십 명의 내전 희생자가 함께 묻힌 무덤 두 기가 발견되었다. 아직도 스페인 전역에서 신원 미상의 유골 13만 구가 미확인 공동 무덤에 묻혀 있으며, 그중 9만 명은 내전 기간에, 4만 명은 종전 이후 시기에 살해당했을 것으로 추정된다. 이처럼 현실은 오필리아의 이야기보다 훨씬 더 잔혹하다. 영화에서는 악당이 결국 벌을 받지만, 현실의 피해자들은 환상의 세계로 도망치지 못하고 무참히 최후를 맞이했으니 말이다.

작품명 〈아멜리에〉(장 피에르 죄네, 2001)
배경 파리지앵이 되는 환상을 충족시켜주는, 파리의 사랑스러운 동네

몽마르트르
MONTMARTRE

아름다운 미장센의 향연! 산뜻한 상점의 차양이 자갈길에 그림자를 비추고, 빈티지 의자와 짝을 맞춘 대리석 테이블에는 앙증맞은 코냑과 와인잔이 올려져 있다. 흙먼지나 낙서 같은 건 눈을 씻어도 찾아볼 수 없다. 누구나 한 번쯤 동경해본, 그리움 가득한 프랑스의 풍경이다.

로맨틱 코미디 〈아멜리에 *Le Fabuleux Destin d'Amélie Poulain*〉(감독 장 피에르 죄네Jean-Pierre Jeunet)는 바로 이런 로맨틱한 도시의 가장 로맨틱한 구역을 배경으로 하고 있다. 밝고 쾌활한 에너지가 약동하면서, 꿈처럼 황홀한 프랑스의 매력이 스크린에서 뚝뚝 떨어진다. 현실 그대로의 파리가 아닌, 장밋빛 안경을 쓰고 보는

이상화된 모습이지만 말이다. 그래서인지 수줍음 많지만 호기심도 많은 우리의 주인공은 늘 붉은 옷을 입거나 붉은색 배경에 둘러싸여 있다.

아멜리 풀랑(오드레 토투Audrey Tautou 분)은 몽마르트르의 한 식당에서 종업원으로 일하고 있다. 몽마르트르Montmartre는 파리 북부 18구의 언덕 위에 자리한 작은 구역이다. 어릴 때부터 외톨이였던 아멜리는 어떤 사건을 계기로 다른 사람들을 몰래 도와주는 수호천사가 되기로 결심한다. 그녀의 손길은 괴짜 같은 주변 사람들의 삶을 바꿔놓고, 결국에는 아멜리 자신도 한 단계 성숙하게 된다.

영화에는 몽마르트르를 벗어난 장소도 등장한다. 가령 여섯 살짜리 아멜리가 엄마와 함께 노트르담 성당 앞에 서 있을 때, 성당 꼭대기에서 투신한 관광객이 엄마의 머리 위로 떨어지고 만다. 하지만 그 외에 대부분의 사건은 몽마르트르를 배경으로 벌어진다.

몽마르트르는 '순교자의 언덕'이라는 뜻으로, 파리의 첫 주교이자 프랑스의 수호성인인 성 드니St Denis의 전설에서 이름을 따왔다. 성 드니는 서기 250년에 여기서 참수형을 당했는데, 참수된 머리를 집어 들고 걸어가며 구경꾼들에게 교리를 설파했다고 전해진다.

이런 연유로 순례지가 되긴 했지만, 그 후로도 수 세기 동안 몽마르트르는 파리에 편입되지 못한 채 시골 마을로 남아 있었다. 풍차가 돌아가고, 수녀원에서 가꾸는 과수원과 포도밭이 펼쳐진 한적한 지역이었다. 그러다가 프랑스 대혁명이 발발한 1789년에 수녀원이 파괴되었고, 풍차가 있던 자리에는 겡게트(guinguettes, 술값이 저렴하고 떠들썩한 선술집)가 들어서며 마을이 활기를 띠기 시작했다.

아멜리의 이웃집 할아버지가 매년 새로 그리는 르누아르의 〈보트 파티에서의 오찬*Luncheon of the Boating Party*, 1880〉과 같은 분위기가 생겨난 것이다. 모네와 마티스, 툴루즈 로트렉 등이 작품 활동을 하던 몽마르트르에는 지금까지도 창의적인 예술가의 정신이 흐르고 있다.

아멜리도 몽마르트르의 주민답게 이곳의 풍경을 그림으로 그리는데, 강렬한 색감이 인상적이다. 아멜리가 사는 아파트와 메종 콜리뇽 식료품점은 실제로 트루아 프레르 거리Rue des Trois Frères에 자리하고 있다. 현실에서 이 식료품점의 상호는 셰 알리Chez Ali이지만, 탐스러운 과일과 채소가 늘어선 진열대 위로 아직도 〈아멜리에〉의 영화 포스터가 붙어 있다.

아멜리가 일하던 '두 개의 풍차 카페Café des Deux Moulins'도 가까이에 있다. 20세기 초에 개업한 이 아르데코풍의 아기자기한 식당은 지금까지도 함석판으로 된 바와 몰딩 장식이 된 천장, 네온바로 된 조명 등 예전 스타일을 고수하고 있다. 영화에 등장한 담배 판매대는 사라졌지만, 아멜리가 좋아하던 크렘 브륄레crème brûlée가 특별 메뉴에 포함돼 있다. 영화 속에서 아멜리가 가르쳐주듯, 캐러멜화된 표면을 숟가락 끝으로 부숴 먹는 프랑스 정통 디저트이다.

두 개의 풍차 카페(15번지)가 자리한 르픽 거리Rue Lepic는 홍등가가 있는 클리시 대로(Boulevard de Clichy, 그 유명한 물랭루즈와도 가까움)에서 장 바티스트 클레망 광장Place Jean-Baptiste-Clément까지 둥글게 이어지는 오래된 도로이다. 반 고흐도 한때 르픽 거리 54번지에 살았다.

여기서 북쪽으로 올라가면 좌우로 계단이 뻗어 있는 라마르크 콜랭쿠르Lamarck-Caulaincourt 역의 입구가 나온다. 아멜리는 여기서 머뭇거리고 있는 시각장애 노인을 부축해 길을 안내하면서 막대사탕과 알사탕, 멜론 냄새, 햄의 가격 등을 설명해준다. 사랑스러운 상점가의 풍경과 몽마르트르에서 그냥 지나쳐선 안 되는 소소한 볼거리를 일깨워주는 장면이다.

아멜리의 모험은 사크레쾨르Sacré-Coeur 대성당까지 이어진다. 몽마르트르 꼭대기에 있는 로만 비잔틴 양식의 새하얀 건축물이다. 니노(마티유 카소비츠Mathieu Kassovitz 분)에게 마음이 있지

만 직접 만나볼 용기가 없었던 아멜리는 치밀한 계획을 세우고, 니노는 그녀의 지시에 따라 성당 아래에 있는 복고풍 회전목마에서 전망대까지 올라간다. 몽마르트르에서 가장 높은 지점인 이 전망대에 서면 로맨틱한 파리 시내의 전경을 한눈에 내려다볼 수 있다.

METROPOLITAIN
LAMARCK-CAULAINCOURT
La Bulle
Montmartre
Musée de
Montmartre

작품명 〈킬러들의 도시〉(마틴 맥도나, 2008)
배경 우아한 풍경을 감상하다가 머리카락이 쭈뼛 서게 되는, 벨기에의 아름다운 도시

브뤼헤(브루게)

BRUGGE / BRUGES

꼬불꼬불한 길, 낭만적인 다리, 길쭉한 탑으로 둘러싸인 이 도시는 흡사 동화 속에서 튀어나온 것 같다. 박공지붕을 얹은 오래된 집들이 다닥다닥 붙어 있고, 거리에선 말발굽 소리가 울려 퍼지며, 잔잔한 운하 위로 백조가 우아하게 물을 가른다. 디즈니도 울고 갈 만한 완벽한 마법의 왕국이건만, 이곳에서 전개될 영화는 디즈니 애니메이션이 아닌 〈킬러들의 도시*In Bruges*〉(감독 마틴 맥도나Martin McDonagh)이다. 안타깝게도 천국 같은 도시가 누군가에겐 지옥이 되고 만다.

신참 살인청부업자인 레이(콜린 파렐Colin Farrell 분)는 첫 번째 임무 중에 실수로 무고한 소년을 죽이는 바람에, 선배인 켄(브

JAN VAN EYCK

렌단 글리슨Brendan Gleeson 분)과 함께 브뤼헤Brugge에 몸을 숨긴다. 두 사람을 피신시킨 두목 해리(랄프 파인즈Ralph Fiennes 분)는 심각한 사이코패스이지만, 어린 시절에 딱 한 번 다녀간 브뤼헤에 깊은 애정을 표한다. "그 운하며 다리며 자갈길이며 성당이며, 제기X, 동화 속 마을에나 있을 법한 그런 것들을, 제기X, 누가 감히 자기 취향에 안 맞는다고 해?"

켄은 브뤼헤와 사랑에 빠져서 건축과 운하, 그림, 경치를 구경하느라 정신이 없다. 반면에 레이는 최악의 관광객이다. 그에게 이곳은 자신의 죄가 심판받기 전까지 무한정 기다려야 하는 연옥이나 다름없다.

아름답게 보존된 이 중세 도시를 찾은 방문객이라면 대부분 레이보다 켄과 같은 마음을 품게 될 것이다. 브뤼헤는 보물상자 같은 곳이라, 우리의 눈만 아니라 입도 동시에 만족시켜준다. 프릿(frites, 벨기에식 감자튀김-역주) 노점과 수많은 와플 가게, 초콜릿 상점들은 보기만 해도 입안에 군침이 돈다.

유네스코 세계유산에 등재된 브뤼헤 구시가에는 미로 같은 골목을 따라 브릭 고딕 양식의 정교한 건축물이 늘어서 있다. 그물망처럼 연결된 운하에는 이제 관광용 배와 백조들만 한가롭게 떠다니지만, 한때는 이 운하도 중요한 무역로로 사용되었다. 플랑드르 지방에서도 교통의 십자로에 자리한 브뤼헤는 12

세기에서 15세기까지 무역도시로서 전성기를 구가했다. 주로 옷감이 거래되었으며, 밀랍과 모피, 금과 은, 향료도 주요 거래 품목이었다. 그 후로 브뤼헤는 점차 내리막길을 걸으며 세계 무대의 뒤편으로 사라지고 말았다. 하지만 산업혁명과 양차 대전의 피해에서 벗어나 있던 덕분에 오늘날에는 벨기에에서 가장 사랑받는 관광지가 되었다.

영화 〈킬러들의 도시〉는 이 도시 전체를 무대로 하고 있다. 켄과 레이는 추운 겨울날 브뤼헤의 길거리를 돌아다니며 감탄하거나 불만을 터뜨린다. 이들이 묵었던 를레 부르곤디스 크라위스Relais Bourgondisch Cruyce 호텔은 단아한 반목조 건물로, 운하 옆에 자리 잡고 있다.

두 사람은 현지의 인기 비스트로인 츠바르트 하위스Zwart Huis에서 술을 마신다. 찬 바람을 맞으며 나룻배도 탄다. 바실리크 성혈 예배당Heilig Bloed Basilik에도 들어가는데, 켄은 레이에게 이곳에 예수의 성혈이 담긴 유리병이 보관되어 있다고 가르쳐 준다(실제 이 장면은 브뤼헤의 예루살렘 예배당에서 촬영함). 이들이 잠시 들르는 로젠후드카이(Rozenhoedkaai, 묵주 부두라는 뜻-역주)는 과거에 묵주를 팔던 곳이며, 현재는 브뤼헤에서 가장 전망이 좋은 장소로 유명하다. 흐루네레이Groenerei 운하와 디베르Dijver 운하가 만나는 지점인데다, 뒤편에 살짝 기운 종탑Belfry이 우뚝 서 있기 때문이다.

종탑 꼭대기까지는 366개의 좁은 계단이 나선형으로 이어지는데, 켄은 기꺼이 걸어 올라가지만 레이는 사양한다. 종탑 밑으로는 구도심의 심장부인 마르크트 광장Grote Markt이 드넓게 펼쳐져 있으며, 박공 건물들과 인도까지 점령한 카페들이 광장의 삼면을 둘러싸고 있다. 가로등 사이로는 장식용 전구가 길게 이어져 있고, 마차들이 그 밑을 가로지른다. 크리스마스 엽서에나 나올 법한 광경이다. 하지만 그때, 종탑 위에서 몸을 던진 켄의 몸뚱이가 차갑고 딱딱한 바닥 위로 떨어지며 분위기는 급반전을 이룬다.

그에 앞서 켄과 레이는 얀 반 에이크Jan van Eyck 광장의 벤치에 앉아 도덕과 신념에 관한 이야기를 나눈다. 바로 옆에는 르네상스 화가인 얀 반 에이크의 동상이 서 있다. 흐루닝헤Groeninge 미술관에서 세계적인 플랑드르파와 벨기에 화가들의 작품을 보고 온 두 사람은 그중에서도 히로니뮈스 보스Hieronymus Bosch의 〈최후의 심판*The Last Judgement*(1486)〉을 잊지 못한다. 세 폭에 걸쳐 별의별 괴상한 고문이 한가득 묘사된 그로테스크한 지옥도이다. 이 그림이 둘 사이에 진지한 대화를 불러일으킨다. 영원히 브뤼헤를 벗어나지 못하는 것. 그것이야말로 레이에게 주어진 지옥과도 같은 형벌이 아니었을까.

작품명	〈그랜드 부다페스트 호텔〉(웨스 앤더슨, 2014)
배경	과거의 모습이 완벽히 보존되어 영화적 상상력을 불러일으키는, 독일의 오래된 국경 도시

괴를리츠
GÖRLITZ

정교하게 장식된 창문 너머로 눈보라가 소나무 숲을 휘감으며 부드럽고 몽환적인 한 폭의 수채화를 그려낸다. 실내에서는 샴페인 잔에 술이 채워진다. 산뜻한 보라색 제복을 입은 벨보이들이 세련된 차림새의 상류층 과부와 재계의 거물들, 귀족들 사이를 정신없이 오가며, 아슬아슬하게 모자 상자를 나르고 여행 가방을 옮기며 보석 목줄을 한 푸들을 보살핀다. 로비의 야자수 화분과 기둥들 사이로 '레어 드 파나슈(L'Air de Panache, 영화에 등장한 가상의 남성용 향수. 훗날 실제 상품으로도 출시됨–역주)'의 강렬한 향기가 감돌고, 모피 숄과 호화로운 가구, 위풍당당한 거물들은 돈 냄새와 과거를 향한 그리움의 향취

를 뿜어낸다. 이 권위 있는 호텔을 바라보며 관객들은 두어 시간 동안 화려하고 번영했던 지난 시대로 돌아가는 마법을 경험한다.

〈그랜드 부다페스트 호텔*The Grand Budapest Hotel*〉은 양차 대전 사이, 알프스 자락에 위치한 주브로브카Zubrowka 공화국의 한 호텔을 중심으로 전설의 컨시어지인 구스타브 H.(랄프 파인즈Ralph Fiennes 분)와 충직한 로비 보이 제로 무스타파(토니 레볼로리Tony Revolori 분)가 펼치는 활약상을 보여준다. 급속도로 변해가며 다시는 과거의 모습을 찾아볼 수 없게 될 유럽 대륙을 배경으로 죽음과 절도, 살인, 정교한 베이킹, 감금, 탈옥, 스키 추격전, 총격전 등의 이야기가 빼곡하게 이어진다. 실제 역사가 구체적으로 언급되지는 않지만, 당시 유럽에서 무섭게 부상하고 있던 나치즘(영화에서는 회색 제복의 ZZ 군대라는 형태로 출연)의 그림자가 불안하게 어른거린다.

주브로브카는 가상의 국가이지만 마치 실재하는 것처럼 구체적으로 그려졌다. 감독 겸 작가인 웨스 앤더슨Wes Anderson은 이 달콤쌉싸름한 범죄 코미디를 위해 하나의 완벽한 세계를 창조했다. 주브로브카에는 시내와 호텔뿐만 아니라 고유한 화폐(클뤼벡)와 신문(트랜스 알파인 요들)까지 있다. 세밀한 연구와 동화적인 상상력이 어우러져 웨스 앤더슨 특유의 달콤하고 정교한 예술 작품이 탄생한 것이다. 하지만 대부분의 장면이 괴를리츠Görlitz에서 촬영되었으니, 주브로브카는 현실 세계에도 한 발을 딛고 있다고 볼 수 있다.

작센주 동부, 나이세Neisse강 기슭에 위치한 괴를리츠는 독일의 동쪽 끝에 있는 도시이다. 실제로 시의 절반은 국경 너머에 자리하고 있다. 원래는 강 건너 폴란드에 있는 즈고젤레츠Zgorzelec와 하나의 도시였으나, 제2차 세계대전이 끝난 후에 둘로 갈라졌다. 이러한 지리적 특성은 괴를리츠와 영화 속 가상 국가의 연관성을 더욱 공고히 해준다. 주브로브카는 중부 혹은 동부 유럽에 속하며, 퇴폐적인 귀족 문화에 마지막 숨이 붙어 있던 전쟁과 전쟁 사이, 격동기에 존재했던 국가라는 설정이다.

다행히 괴를리츠는 제2차 세계대전의 피해를 살짝 비껴갔다. 구시가의 골목과 광장에는 고딕과 르네상스, 바로크 양식은 물론이고 빌헬름과 유겐트 양식을 망라한 4천여 개의 기념비와 건축물이 온전한 형태로 보존돼 있다. 500년 건축사를 한 도시 안에서 전부 감상할 수 있는 흔치 않은 장소이다. 또한 쿠엔틴 타란티노의 〈바스터스: 거친 녀석들*Inglourious Basterds*〉과 랄프 파인즈 주연의 〈더 리더: 책 읽어주는 남자*The Reader*〉 등도 이곳에서 촬영된 만큼, 괴를리츠는 도시 전체가 관광객의 천국이자 영화 제작자들이 동경하는 꿈의 장소라 할 수 있겠다.

그랜드 부다페스트 호텔의 비주얼은 20세기 초반 유럽의 호텔을 기록한 포토크롬(photochrome, 흑백의 원판을 직접 전사하여 컬러 이미지를 생성하는 방식-역주) 사진들을 바탕으로 구축되었다. 사진으로 남아 있는 알프스의 유명 온천 호텔들은 케이블카와 목욕탕 시설을 갖추고 있었으며, 네오바로크 양식의 과장된 장식과 아이스크림 가게 같은 차양을 달고 있었다. 앤더슨 감독은 이러한 외관에 장밋빛 웨딩 케이크 같은 느낌을 더해 호텔의 축소 모형을 제작했다.

호텔 내부는 1913년에 개장한 카우프하우스 괴를리츠Kaufhaus Görlitz에서 촬영했는데, 이곳은 실제로 호텔이 아닌 아르누보 양식의 백화점이었다. 이미 2010년에 폐업한 상태였지만, 제작진은 이 공간을 궁전처럼 호화롭게 꾸미기로 결심했다. 3층짜리 중앙 홀과 웅장한 계단, 아치형 회랑, 엘리베이터와 화려한 샹들리에를 새로 설치하고, 에나멜 채색 유리로 제작한 거대한 돔 지붕을 얹었다. 그리고 이러한 기본 구조 위에 1930년대(강렬한 빨간색과 보라색, 분홍색이 어우러진 사치스러운 버전)와 1960년대(공산국가답게 갈색과 주황색을 활용한 근엄한 버전)라는 서로 다른 무대를 조성했다.

영화가 개봉된 후에 이곳을 백화점으로 재개장하겠다는 사업자가 나타나 카우프하우스는 과거의 영광을 재현할 기회를 얻게 되었다. 개장 전까지는 특정 요일의 정해진 시간에 일반인의 관람을 허용하고 있으니, 사전에 확인하고 방문해보기를 추천한다.

괴를리츠에서 주브로브카의 향기를 맡을 수 있는 장소는 그 밖에도 몇 군데가 더 있다. 눈썰미가 좋은 사람이라면 시에서 가장 오래된 르네상스 양식의 붉은 사암 건물인 쇤호프(Schönhof, 현재는 슐레지엔Schlesischen 박물관)와 라트사포테커(Ratsapotheke, 시청의 약국), 브뤼더 거리Brüderstrasse에서 보이는 라이헨바흐 요새(Reichenbacher Turm, 현재 임시 폐관 중–역주)의 높다란 탑을 알아볼 수 있을 것이다.

브뤼더 거리의 위아래로는 어퍼 마켓 스퀘어Upper Market Square와 로어 마켓 스퀘어Lower Market Square가 자리하고 있다. 영화에서는 제로가 이 길에서 '트랜스 알파인 요들' 신문을 받아오지만, 현실에서는 소소한 장신구를 구경하거나 커피와 케이크로 간단히 요기를 하기에 좋은 곳이다.

제로의 연인인 아가사(시얼샤 로넌Saoirse Ronan 분)는 자전거를 타고 피슈마르크트Fischmarkt의 자갈길을 달려 파스텔 색상의 건물인 멘들스 빵 가게 앞을 지난다. 멘들스 상점은 세트장이었고 정교한 타일로 장식된 가게 내부는 드레스덴의 푼즈 몰커라이Pfunds Molkerei에서 촬영했다. 하지만 아가사가 지나다니던 길은

한 번쯤 산책해볼 만하다. 이 영화를 대표하는 디저트인 '코르티잔 오 쇼콜라Courtesan au Chocolat' 슈크림 빵은 괴를리츠의 카페 카레Café CaRe에서 만들었다.

위에서 언급한 장면의 원경에 보이는 삼위일체 성당Dreifaltigkeitskirche은 괴를리츠에서 가장 오래된 고딕 건축물로, 1234년에 프란치스코 수도회에서 건립했다. 이 성당의 높다란 아치형 천장과 정교한 제단 벽장식은 영화에서 케이블카를 타야만 올라갈 수 있는 산꼭대기 수도원의 실내 모습으로 등장했다.

수도원의 외관은 브라우너 히르슈Brauner Hirsch 타운하우스의 외부 회랑에서 촬영했다. 과거에 의류 상인들이 상품을 매달아 전시하던 공간이다. 한때는 호텔 겸 양조장이었던 이 거대한 바로크식 주택은 러시아 황제인 니콜라이 1세와 독일 제국의 초대 황제인 빌헬름 1세 같은 최고위급 손님들이 묵었던 권위 있는 시설이다. 〈그랜드 부다페스트 호텔〉의 제작진은 동굴처럼 움푹 들어간 곳이 많은 이 타운하우스의 공간적 특성을 활용해 제로의 소박한 침실과 아가사의 다락방 등 여러 개의 세트를 설치했다. 사우나 장면도 이곳의 오래된 목욕실에서 촬영되었다. 현재 브라우너 히르슈는 비어 있지만, 이곳에 영화 박물관을 개관할 계획이 진행 중이다. 괴를리츠의 영화 유산을 기념하는 뜻깊은 장소가 되기를 기대해 본다.

작품명 〈페르소나〉(잉마르 베리만, 1966)
배경 인간의 영혼처럼 고독하고 위태로워 보이는, 발트해에 있는 스웨덴의 황량한 섬

포뢰섬
FÅRÖ

날카로운 기암괴석이 늘어선 해변. 칠흑 같은 바다 위로 사나운 바람이 몰아치며 장대비가 퍼붓는다. 그런가 하면 푸른 초원에선 드문드문 꽃이 피어나고, 모래밭 너머로 솔숲이 펼쳐지며, 따사로운 햇살 아래 야생 딸기들이 자라난다. 척박함 속에 아름다움을 감추고 있는 섬. 포뢰Fårö는 거칠지만 부드럽고, 어둡지만 찬란하다. 그리고 이 두 가지 모습은 동전의 양면처럼 분리될 수 없다.

영화 〈페르소나*Persona*(라틴어로 '가면'이라는 뜻)〉는 감독 겸 작가인 잉마르 베리만Ingmar Bergman의 미니멀리즘 걸작이자 영화라는 장르로 인격의 분열을 탐구한 놀라운 실험극이다. 연극배

우인 엘리자베트 보글러(리브 울만Liv Ullmann 분)는 어느 날 공연 중 아무런 이유 없이 갑자기 입을 다물어버린다.

정신병원에 입원한 그녀가 침묵을 고수하자, 담당 의사는 젊은 간호사 알마(비비 앤더슨Bibi Andersson 분)를 붙여주며 엘리자베트를 자신의 여름 별장으로 요양 보낸다. 두 여자가 도착한 섬은 외딴 벽지인데다 날씨도 험하다. 하지만 알마가 자신의 이야기를 털어놓고 엘리자베트가 들어주는 동안 둘 사이에는 친밀감이 형성되고, 격렬한 다툼과 유혹, 결합의 과정을 거치며 두 사람의 인격이 뒤섞이기 시작한다.

의사가 엘리자베트를 섬으로 보낸 건 회복을 위해서였다. 소금기 어린 공기와 스웨덴식의 소박한 생활(갓 내린 커피 마시기, 버섯 채집하기, 저물 줄 모르는 태양 아래서 빈둥거리기)을 누리며 안식을 취할 수 있으리라 기대한 것이다.

처음에는 이 요양이 효과를 거두는 것처럼 보인다. 엘리자베트는 편지에 이렇게 적는다. "늘 이런 생활을 꿈꿔왔어요. 이렇게 조용하고 모든 것과 단절된 삶. 너덜너덜해진 영혼이 마침내 생기를 되찾기 시작했어요." 하지만 그런 이상적인 생활은 얼마 지속되지 않는다. 섬에서의 극단적인 고립은 오히려 정반대의 결과를 불러온다. 그녀의 내면이 알마의 모습으로 육화肉化해서 나타난 것이다.

포뢰는 석회암 침식으로 만들어진 자그마한 섬으로, 조금만 더 남쪽으로 가면 스웨덴에서 가장 큰 섬인 고틀란드Gotland가 나온다. 본토에서 뚝 떨어져 스웨덴과 에스토니아 사이의 발트해 중간 지점에 자리한 이 섬은 매우 특수한 지리적 위치를 점하고 있다. 지형은 울퉁불퉁한 바위와 평지가 주를 이루고, 습지와 관목지, 솔숲 사이에 약간의 목초지가 끼여 있다. 해변에는 기묘한 바위(현지어로 '라우크rauk')들이 굴뚝처럼 나란히 보초를 서고 있으며, 오래된 촌락에는 검은 초가지붕을 얹은 집들이 모여 있다. 19세기에 지어진 등대와 중세 양식의 성당도 찾아볼 수 있다.

인류가 처음 이 섬에 정착한 건 석기 시대였다. 당시 이곳에 살던 바이킹들은 '파뢰말Faroymal'이라는 고유의 방언을 사용했는데, 이는 고대 노르드어의 일종이며 스웨덴에서 가장 오래된 언어로 추정된다. 이러한 배경적 특성은 말(혹은 침묵)이라는 영화의 핵심 주제와도 상통한다.

포뢰섬에는 군사 기지가 있어서 1990년대에 들어서야 외국인의 출입이 허락되었다. 600명 남짓한 주민들은 한때 농업과 어업에 종사했지만, 이제는 거의 관광업으로 수입을 창출하고 있다. 이 섬에는 은행도 우체국도 경찰서도 없다. 하지만 스웨덴의 영화감독이자 세계적인 거장인 잉마르 베리만과는 깊은

인연을 간직하고 있다.

베리만은 포뢰섬에서 여러 편의 영화와 다큐멘터리를 촬영했다. 처음에 〈거울을 통해 어렴풋이*Through a Glass Darkly*(1961)〉의 촬영지를 물색하다가 이 섬을 찾아낸 그는 이보다 더 완벽한 장소는 없다고 확신했다. 베리만의 회고록을 보면 이런 문장이 나온다. “진지해지고 싶다면 나만의 풍경, 진정한 보금자리를 찾으면 된다. 즐거워지고 싶다면 첫눈에 반하는 사랑에 대해 말하면 된다.”

포뢰섬의 자연환경은 그대로 완벽한 촬영장이 되어 베리만이 원하는 형태와 구도, 정적, 호흡, 소박함을 제공해주었다. 그는 〈페르소나〉를 촬영할 때 하마스Hammars에서 마음에 드는 바위 해변을 발견해, 그곳에 집을 짓고 40여 년간 별장으로 사용했다.

현실의 포뢰섬을 찾아가도 이제 바위를 오르내리는 엘리자베트와 알마는 볼 수 없지만, 베리만 감독의 흔적은 섬 전역에서 만나볼 수 있다. 포뢰 박물관 바로 옆에 자리한 베리만 센터에서 전시와 영화를 감상할 수 있고, 영화 촬영지를 돌아보는 ‘베리만 탐험‘Bergman safari’ 프로그램도 운영 중이다. 관광객들에게 가장 인기 있는 바위 해변의 풍경은 영화 속에서 치열하게 갈등하던 주인공들의 심리를 곱씹게 해준다.

포뢰섬은 베리만의 마지막 안식처였다. 그는 사후에 마지막 부인인 잉리드와 함께 포뢰 성당의 묘지에 묻혔다. 그렇게 흙으로 돌아감으로써 자신의 공간적 뮤즈였던 섬과 영원히 하나가 된 것이다.

작품명 〈사운드 오브 뮤직〉(로버트 와이즈, 1965)

배경 경쾌한 노래가 떠오르는 오스트리아의 동화 같은 마을. 기운찬 능선과 험준한 산봉우리.

잘츠부르크
SALZBURG

화면 가득 펼쳐진 장대한 알프스산맥. 새하얀 만년설과 향기로운 솔숲을 지나 상쾌한 공기가 불어온다. 하늘엔 뭉게구름이 흘러간다. 거대한 산이 불쑥 솟았다가 푹 꺼지고, 굽이굽이 감기는가 하면 어느새 탁 트인 벌판이 나온다. 산들바람에 들풀들도 기분 좋게 몸을 떤다. 한 여인이 꾀꼬리처럼 맑고 투명한 목소리로 노래를 부른다. "힐스 아 얼라이브(Hills are Alive)".

이 노래의 가사처럼 알프스의 산들은 생생히 살아 있다. 활기차고 원시적이며 고요한 행복감에 취해 있다. 신에게 조금 더 가까이 있기 때문일까? 알프스의 높다란 봉우리들은 유난히 더

아름답고 자유로워 보인다. 아무리 암울한 시기에도 일단 이곳에 서면 인간의 영혼은 자연의 생명력으로 인해 한껏 고양된다.

구리 주전자처럼 반짝이고 아펠슈트루델(Apfelstrudel, 오스트리아식 사과 파이-역주)처럼 달콤한 영화 〈사운드 오브 뮤직 *The Sound of Music*〉(감독 로버트 와이즈Robert Wise)은 영화사에 길이 남을 명작이며 역대 최대 흥행작 중 하나이다. 할리우드 최초로 1억 달러 이상의 수익을 올렸고, 현재까지도 박스오피스 흥행 순위 10위권 안에 머물러 있다.

이러한 인기의 일등 공신은 누가 뭐래도 잘츠부르크Salzburg라는 도시 자체이다. 〈사운드 오브 뮤직〉은 1960년대에 제작된 대형 뮤지컬 영화치고는 이례적으로 대부분의 장면을 현지에서 직접 촬영했다. 로스앤젤레스의 사운드 스테이지 벽면에 산맥을 그려 넣은 게 아니라, 가슴이 확 트이는 잘츠카머구트Salzkammergut의 대자연을 스크린에 고스란히 옮겨놓은 것이다.

영화가 시작되면 카메라가 하늘 높이서 산맥의 구석구석을 훑는다. 그런 다음 마리아(줄리 앤드루스Julie Andrews 분)에게 다가가면 그녀가 두 팔을 벌리고 한 바퀴 빙 도는데, 이러한 도입부는 영화 전체의 분위기를 잡아주는 동시에 지역적 특성을 상기시켜준다. 이곳은 1930년대, 나치 독일에 합병되기 직전의 오스트리아다. 사실 오프닝 시퀀스를 촬영한 장소는 잘츠부르크에서 국경을 살짝 넘어간 독일 영토로, 바이에른주의 멜베크Mehlweg 평원이라는 곳이다.

화면 뒤편에 펼쳐지는 장대한 알프스산맥 중 하나가 오버잘츠베르크Obersalzberg 지역으로, 히틀러와 나치 고위 간부들이 산속 지휘소를 차려놓고 휴양하던 베르크호프Berghof가 바로 여기에 있다. 히틀러의 별장이 등 뒤에 어른거리는 것이다. 이러한 시대를 배경으로 한 〈사운드 오브 뮤직〉은 제3제국의 출현이라는 역사적 사실과 사랑, 신념, 가족애를 강조한 생기발랄한 스토리, 거기에 아카데미상 수상에 빛나는 주제곡까지 하나로 버무려 내는 어려운 임무를 훌륭히 완수했다.

696년에 건설된 잘츠부르크는 모차르트의 출생지답게 오랫동안 음악의 도시로 이름을 드높였다. 아름다운 경치도 이 도시의 명성에 큰 몫을 했다. 유네스코 세계문화유산으로 등재된 잘츠부르크 구시가는 바로크 시대의 유산인 미로 같은 골목이 동화 같은 분위기를 풍기며, 잘차흐Salzach강을 따라서는 웅장한 산맥을 배경으로 화려한 돔 지붕과 첨탑들이 줄지어 서 있다.

자유로운 영혼을 예찬하는 영화 〈사운드 오브 뮤직〉은 실화에 바탕을 두고 있다. 실제로 잘츠부르크에 아내를 잃은 해군 대령 조지 폰 트랩이라는 인물이 살았으며, 그가 거주했던 폰 트랩 빌라Von Trapp Villa는 비록 영화에는 등장하지 않지만, 호텔

겸 사운드 오브 뮤직 박물관으로 운영되고 있다. 현실의 폰 트랩 대령도 7남매의 가정 교사로 온 수녀 지망생 마리아 아우구스타 쿠체라와 결혼했다. 오스트리아가 나치에 점령당하자 이들은 합창단을 구성해 국외로 피신했는데, 영화에서처럼 걸어서 가지는 않고 기차를 이용했다. (영화의 결말부에서 폰 트랩 가족은 운터스베르크Untersberg산을 넘어 잘츠부르크를 벗어나지만, 사실 그 길로 가면 독일 영토인데다가 곧장 히틀러의 베르크호프 별장으로 향하는 셈이 된다.)

이와 같은 고증상의 허점이 있긴 해도 〈사운드 오브 뮤직〉이 잘츠부르크의 진면목을 담아냈다는 건 누구도 부정할 수 없을 것이다. 영화 속 장면의 대부분은 잘츠부르크와 인근 지역을 무대로 하는데, 상당수의 촬영지가 현재까지도 관광객의 방문을 환영하고 있다.

마리아가 산꼭대기에서 노래를 부르다가 황급히 달려 내려가는 논베르크Nonnberg 수녀원은 실존 인물인 마리아가 지원했던 바로 그 수녀원(715년에 설립)으로, 아침 미사 때마다 수녀들이 부르는 그레고리오 성가가 울려 퍼진다. 영화에 나오는 수녀원의 내부는 할리우드 세트장이었으나 고딕 양식의 건물 외부는 실제 건물의 모습을 담았다.

원장 수녀의 강권으로 마지못해 가정 교사로 떠나게 된 마리아는 수녀원의 철문을 나서며 구시가의 건물들을 내려다보고 (실제로는 윈클러 테라스Winkler Terrace에서 바라보는 전경), 잠시 후 고풍스러운 레지덴츠 광장Residenzplatz에 들어서서는 거대한 분수에서 물을 뿜는 말 동상에 대항하듯 손으로 물을 튀긴다.

잠시 후 마리아는 헬브루너 길Hellbrunner Allee에 당도한다. 가로수가 우거지고 곧게 뻗은 이 길은 17세기에 헬브룬 궁전 Schloss Hellbrunn의 건설에 맞추어 조성된 신작로였다. 이 길의 중간에 프론부르크성(Frohnburg Palace, 현재는 음악 아카데미)이 서 있는데, 웅장한 철문 안으로 보이는 노란 외벽이 인상적이다. 영화에 나오는 폰 트랩 저택의 외관은 바로 이 성을 촬영한 것이다.

극중 저택의 뒤편은 레오폴츠크론 호숫가에 자리한 레오폴츠크론성Leopoldskron Palace에서 촬영했다. 호화로운 건물에서 계단을 따라 정원 테라스로 나가면 양쪽에 말 석상이 장식된 대문이 나오고, 문밖으로는 큰 호수가 펼쳐져 있다. 마리아와 아이들이 커튼으로 만든 옷을 입고 물에 빠지는 바로 그 호수이다. 레오폴츠크론성은 현재 호텔로 이용되고 있으며, 정원은 일반 방문객도 입장이 가능하다. 여기서 호텔의 베네치안 룸도 슬쩍 들여다볼 수 있는데, 영화에 등장하는 연회실은 비록 할리우드 세트장이었지만 이곳의 거울과 금박 장식을 본떠서 만들었다.

촬영지 순례의 백미는 단연 '도레미송' 루트를 따라가는 것이다. 마리아와 아이들이 부르는 이 노래는 알프스 초원인 슈반톤거 베신Gschwandtanger Wiesn에서 시작한다. 잘츠부르크의 남쪽에 있는 베르펜Werfen에서 산을 오르면 된다. 2015년에는 시에서 운영하는 〈사운드 오브 뮤직〉 촬영지 등반 코스도 개설되었다. 산을 오르며 멀리 보이는 호엔베르펜성Burg Hohenwerfen을 비롯해 잘츠카머구트의 아름다운 경관을 감상할 수 있다.

장면이 바뀌면 일행은 잘츠부르크로 돌아와 묀히스베르크(Mönchsberg, 수도사의 산이라는 뜻) 꼭대기에서 노래를 이어가고, 성 에르하르트 성당St Erhard Kirche에서 논탈러 대로Nonntaler Hauptstrasse를 따라 마차를 타고 가다가, 미라벨 궁전Schloss Mirabell의 정원에서 노래를 마무리 짓는다. 궁전의 포도 덩굴 터널을 지나 난쟁이 정원(18세기에 제작된 작고 괴상한 조각상들이 잔뜩 진열돼 있음)에 들어갔다가, 검술을 겨루는 두 개의 그리스 조각상 사이를 통과해 페가수스 분수를 한 바퀴 돈 다음 정원 북쪽 테라스의 계단을 오르락내리락한다.

이처럼 영화의 동선을 따라가다 보면 잘츠부르크의 명소를 꼼꼼히 돌아볼 수 있다. 영화와 촬영지가 완벽하게 어우러진 장면이라 할 수 있겠다.

작품명 〈달콤한 인생〉(페데리코 펠리니, 1960)
배경 이탈리아의 수도로서 가장 화려하고 우아했던 시기의 눈부신 단면

로마
ROME

'영원한 도시'라는 별칭을 지닌 로마. 샴페인과 카푸치노, 미남미녀들의 요란한 파티, 고급스러운 스쿠터와 스포츠카, 화려한 드레스와 저항의 상징인 터틀넥, 한밤중에도 벗지 않는 명품 선글라스, 쾌락과 방종과 과시. 얼마나 감미로운 인생인가.

〈달콤한 인생 *La Dolce Vita*〉(감독 페데리코 펠리니Federico Fellini)은 기존과 다른 독특한 시각으로 이탈리아의 수도를 감각적이고 섹시하게 그려내어 역사상 가장 스타일리시한 작품으로 평가받는다.

영화는 주인공인 마르첼로 루비니(마르첼로 마스트로이안니

Marcello Mastroianni 분)를 중심으로 일곱 가지 에피소드가 옴니버스 형식으로 이어진다. 맵시 있는 정장과 헤어스타일을 고수하는 마르첼로는 가십 전문 기자로, 유명 인사와 그 측근들, 세계적인 귀족들, 벼락부자들의 스캔들을 파헤치고 다닌다. 그러는 와중에 영화배우와 짧은 연애를 하고, '기적' 소동을 취재하는가 하면, 돈 많은 상속녀와 정사를 벌이고, 마약을 과용한 여자친구를 돌본다. 그는 의미 있는 인생을 꿈꾸지만, 무절제하고 사치스러우며 공허한, 현재의 '달콤한' 삶에 꼼짝없이 붙들려 있다.

1960년에 개봉한 〈달콤한 인생〉은 파시스트 정권이 붕괴하고 세계대전이 끝난 후 새로워진 이탈리아의 모습을 보여준다. 빈곤의 굴레에서 탈출하며 경제가 호황을 맞이하자 이탈리아에는 이전과는 다른 도덕관념이 생겨났다. 그러한 현실을 묘사한 탓에, 선정성과 동성애 묘사, 신성모독 등으로 교황청의 규탄을 받기도 했다. 특히나 예수상이 헬리콥터에 매달려 폐허가 된 로마 수도교 공원Parco degli Acquedotti의 상공을 지나는 도입부는 예수의 재림을 상징한다는 거센 비판을 불러일으켰다.

이 영화에서 가장 두드러지는 건 로마라는 도시 그 자체이지만, 펠리니 감독은 대부분의 장면을 실제 장소가 아닌 치네치타 스튜디오Cinecittà Studios에서 촬영했다. 어떤 면에서는 이 스튜디

오(1937년에 무솔리니가 설립)가 〈달콤한 인생〉이라는 영화를 가장 잘 대변해준다고 할 수 있다. 치네치타 스튜디오는 1950년대에 미국의 대형 프로덕션을 속속 유치하며 '테베레Tevere강의 할리우드'라는 별칭을 얻었다. 그러면서 연예 산업 관계자들이 로마로 대거 몰려왔는데, 마르첼로가 베네토 거리Via Veneto에서 어울리는 사람들이 바로 이런 부류이다.

당시 베네토 거리는 호화로운 저택과 5성급 호텔, 명품 상점들이 모여 있는 이탈리아 최고의 명소였다. 말런 브랜도나 오드리 헵번, 프랭크 시나트라, 그리고 펠리니 감독 등이 해리스 바Harry's Bar 같은 단골 식당에서 식사를 하면 파파라치가 몰래 사진을 찍었다. '파파라치'라는 용어도 바로 이 영화에서 유래했는데, 영화 속에서 유명인들을 사냥개처럼 쫓아다니는 사진 기자의 이름이 바로 파파라초(발테르 산테소Walter Santesso 분. 파파라치paparazzi는 파파라초paparazzo의 복수형-역주)이다.

최신 유행을 선도하던 과거의 명성은 이미 사라졌지만, 오늘날에도 베네토 거리는 여전히 우아함을 간직하고 있다. 이곳을 둘러보려면 베르니니Bernini 분수가 있는 바르베리니 광장Piazza Barberini에서부터 시작하는 것을 추천한다. 그리고 마지막으로 해리스 바에 들어가면, 영화에서처럼 피아노 연주가 울려 퍼지는 고급스러운 식당에 부유한 손님들이 가득 차 있는 광경을 목격할 수 있다.

베네토 거리뿐만 아니라 성 베드로 대성당San Pietro Basilica도 치네치타 스튜디오 안에 세트가 제작되었다. 실제 성당 위에서 촬영한 공중숏(바티칸 시국 위로 예수상이 날아가는 장면)도 있지만, 매혹적인 금발 여배우 실비아(아니타 에크베리Anita Ekberg 분)가 성당 지붕 위로 올라가는 장면은 세트장에서 촬영했다.

하지만 로마에 방문한다면 진짜 성당에 올라가 보기를 바란다. 231개의 계단을 따라 중간 지점까지 간 후, 다시 320개의 좁은 나선형 계단을 오르면 미켈란젤로의 기념비적인 작품인 돔 지붕에 다다른다. 여기서 지붕 밖으로 나가면 마르첼로와 실비아가 그랬던 것처럼 발밑으로 펼쳐진 '영원한 도시' 로마의 전경을 한눈에 감상할 수 있다.

테베레Tebere강의 동편으로 넘어가면 이 영화에서 가장 유명한 장면의 촬영지가 나온다. 파티장을 빠져나온 마르첼로와 실비아는 거대한 카라칼라 욕장(Terme di Caracalla. 서기 212년에 지어진, 로마에서 두 번째로 큰 목욕장) 유적지를 지나 도시를 배회하다가 트레비Trevi 분수에 이른다. 새하얀 대리석으로 만든 이 바로크 양식의 분수에는 바다의 신 넵투누스가 조개 모양의 전차를 타고 있고, 반신반어와 말들이 이 전차를 끌고 있는 모습이 조각되어 있다. 텅 빈 자갈길이 까맣게 빛나는 가운데, 어깨가

노출된 검은 드레스를 입은 실비아가 물속으로 휘적휘적 들어가는 모습은 분수의 조각상 못지않게 신비롭고 신성한 분위기를 자아낸다.

물론 영화를 따라 한다며 분수에 들어가는 행위는 금지돼 있다. 게다가 이 분수 주변은 관광객으로 항시 북적여서 영화에서처럼 한적한 일은 거의 없다. 하지만 영화 애호가라면 이 분수를 구경하는 것만으로도 충분히 만족감을 느낄 수 있을 것이다. 분수에 동전을 던지는 전통은 1954년 작 〈애천*Three Coins in the Fountain*〉에서 시작된 것으로, 동전을 한 번 던지면 로마에 다시 돌아올 수 있다는 속설이 있다. 펠리니의 영화처럼 퇴폐적이고 환락적이며 초현실적인 로마는 아니지만, 현실의 로마도 동전을 던져 재방문하고 싶을 만큼 아름다운 곳임에는 틀림이 없다.

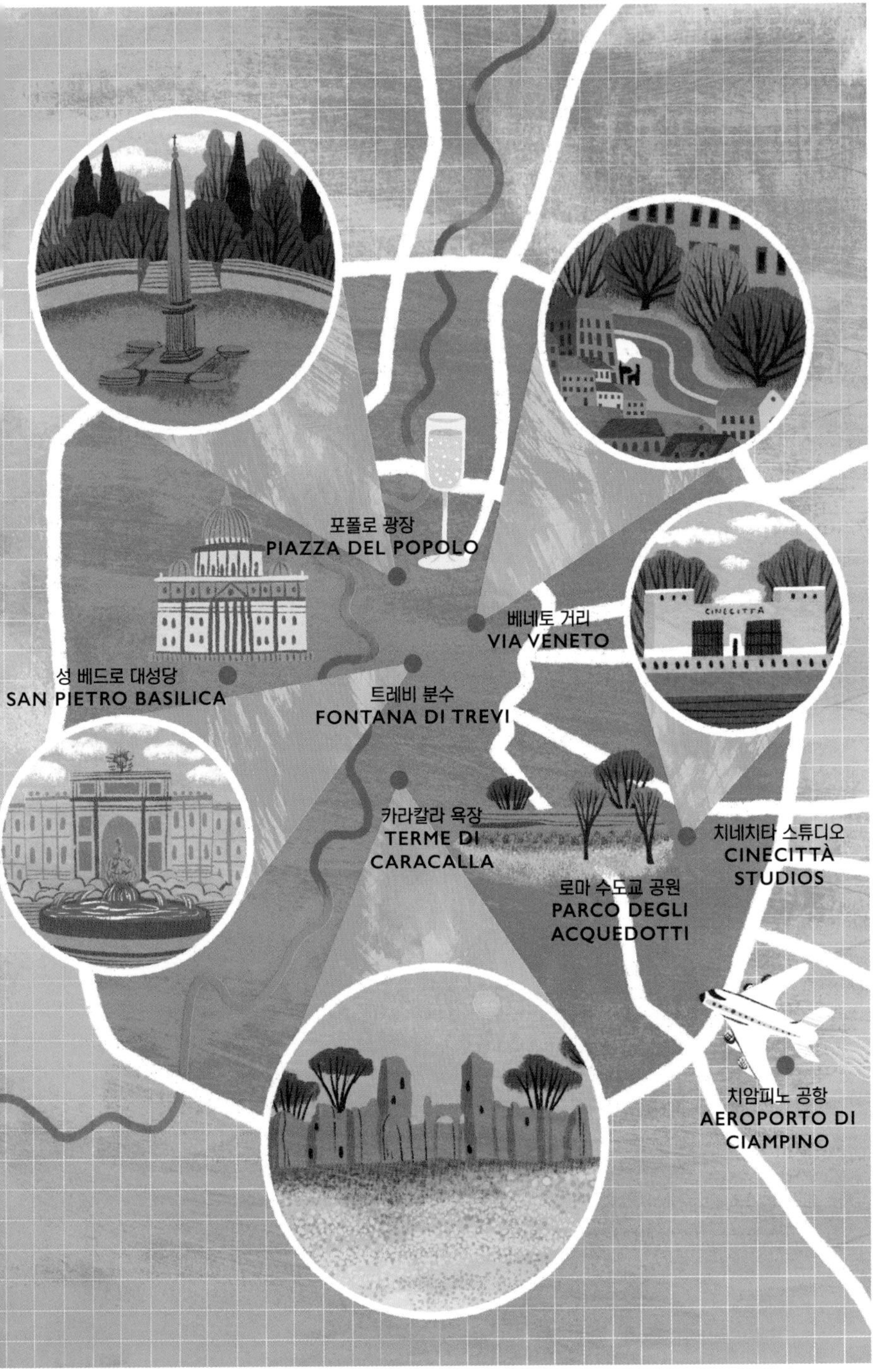
포폴로 광장
PIAZZA DEL POPOLO
베네토 거리
VIA VENETO
성 베드로 대성당
SAN PIETRO BASILICA
트레비 분수
FONTANA DI TREVI
카라칼라 욕장
TERME DI
CARACALLA
치네치타 스튜디오
CINECITTÀ
STUDIOS
로마 수도교 공원
PARCO DEGLI
ACQUEDOTTI
치암피노 공항
AEROPORTO DI
CIAMPINO
CINECITTÀ

작품명 〈스타워즈: 새로운 희망〉(조지 루카스, 1977)
배경 도저히 지구처럼 보이지 않는, 튀니지의 사하라 사막 주변부의 광막한 땅

마트마타/토죄르
MATMATA/TOZEUR

이곳은 아무리 눈을 씻고 봐도 머나먼 은하계 행성으로만 보인다. 만물이 희끄무레하게 바랜 가운데 살구빛 모래밭만이 광활하게 뻗어 있고, 하늘은 눈이 시릴 만큼 파랗다. 세찬 바람이 모래사막에 무늬를 그리고 거대한 야르당(yardangs, 좁고 긴 언덕)을 빚어낸다.

다른 한쪽에선 염분으로 뒤덮인 평원이 눈부시게 빛나는가 하면 날카로운 골짜기가 움푹 파여 있다. 이곳의 거주민들은 사막의 열기를 피해 지하에 마을을 이루고 산다. 전체적으로 삭막한 분위기가 감도는 땅이다. 어느 날 갑자기 이곳에 뚝 떨어진다고 상상만 해도 오싹해진다. 어쩌다 방문한다 해도 오래 머물

고 싶진 않을 것 같다. 오죽하면 드로이드droid조차 처음 이 땅을 보고 "여긴 너무 황량한 곳"이라며 불만을 터뜨렸을까.

스타워즈의 복잡한 은하계에서 외곽 은하 지대에 자리한 타투인Tatooine은 매우 척박한 행성이다. 선과 악의 대결을 다룬 조지 루카스George Lucas 감독의 저예산 우주 서사극 〈스타워즈: 새로운 희망*Star Wars: A New Hope*〉에서 이곳은 생기 없고 무미건조하며 야만적인 곳으로 묘사된다. 어쩌다 마주치는 사람들도 밀수꾼이나 고물상, 부랑자가 대부분이다. 그래서 루크는 C-3PO에게 타투인을 이렇게 소개한다. "우주에 화려한 중심부가 있다면, 너는 거기서 제일 먼 행성에 온 거야."

주인공의 고향을 촬영할 장소를 물색하던 조지 루카스는 최종적으로 북아프리카에서 가장 작은 나라인 튀니지를 선택했다. 제작진이 처음 이곳을 방문한 1976년만 해도 튀니지는 독립한 지 20년밖에 안 된 신생 국가였다. 아이러니하게도 이국적인 풍광을 갖춘 동시에 문명사회에서 가깝다는 점이 이곳의 가장 큰 매력이었다. 외계 행성처럼 보이는 광막한 사막이 있으면서 유럽과도 멀지 않아 이동이 편리했기 때문이다.

타투인은 스타워즈 시리즈를 통틀어 제일 처음 스크린에 등장하는 행성으로, 극의 전반적인 분위기를 잡아주는 중요한 공간이다. 따라서 아주 그럴듯해 보이는 장소를 섭외해야 했다.

당시는 컴퓨터 그래픽 기술이 아직 초기 단계라, SF 영화 속의 세상을 관객들이 납득할 수 있는 수준으로 구현해내는 것이 관건이었다.

때마침 튀니지 남부에서 최적의 장소를 찾아냈다. 뜨겁고 건조한 사하라 사막에 있는 외딴 베르베르족 마을이었다. 전통 건축물인 크사르(ksour, 요새형 식량 저장소)와 달의 분화구 같은 암반 지형, 땅을 파서 만든 혈거 주택 등 기초적인 시각효과만 가미해도 현실과 환상을 자연스럽게 융합시킬 수 있을 것 같았다. 제작진은 튀니지에 실제로 존재하는 사막 도시 타타오이네Tataouine에서 이름을 빌려와 '타투인'이라는 지명도 만들었다.

그러나 실제 촬영은 이 마을에서 이루어지지 않았다. 영화 초반에 루크 스카이워커(마크 해밀Mark Hamill 분)가 삼촌 부부와 평온한 나날을 보내고 있던 고향 집의 실내는 마트마타Matmata의 지하 가옥에서 촬영했다. 마트마타에는 이렇게 땅을 뚫어 만든 집들이 가득하다. 인공적으로 땅을 깊숙이 파서 창문이 없는 동굴형 방을 만든 다음, 절반은 회칠을 하고 절반은 흙을 그대로 남겨두는데, 이러한 방과 터널들을 전부 이어서 중앙의 뜰과 연결한다.

몇 세대에 걸쳐 이곳에 거주한 주민들은 올리브 농사와 양탄자 직조로 생계를 유지해 왔으며, 최근 들어서는 관광업에 집중

하고 있다. 루크의 고향 집이 있던 자리에는 이제 시디 드리스 호텔Sidi Driss Hotel이 들어섰다. 제다이 스타일의 간소한 객실과 실제 촬영에 사용된 소품 및 장식물을 갖추고 있어서 스타워즈 팬들이 즐겨 찾는 곳이다.

고향 집의 외관을 촬영한 엘제리드호Chott el Djerid는 사하라 사막에서 최대 규모를 자랑하는 소금 호수로, 토죄르Tozeur 인근의 나프타Naftah 근교에 자리하고 있다. 대부분은 물이 마른 상태이지만 군데군데 알록달록한 색상의 소금물 웅덩이가 영롱한 빛을 발하고 있으며, 신기하게 생긴 플라밍고들도 눈에 띈다. 황량하기 그지없는 동시에 천상의 세계처럼 아름답다.

영화에서 고향 집 현관으로 등장한 돔형 구조물과 루크가 보랏빛으로 저무는 두 개의 태양을 하염없이 바라보던 장소는 지금까지도 그대로 남아 있다. 최초에 제작한 세트장은 사막 기후를 감안해 임시로 만들었지만, 훗날 스타워즈 시리즈의 다른 에피소드를 촬영하며 새로 지어졌고, 이것이 현재까지 보존되어 있다.

스타워즈 촬영지를 순례한다면 시디 부흐렐(Sidi Bouhlel, 일명 스타워즈 계곡)도 빼놓을 수 없다. 드후메스 국립공원Parc National de Dghoumès에 있는 신비로운 골짜기로, 인디애나 존스 시리즈인 〈레이더스*Raiders of the Lost Ark*〉도 이곳에서 촬영했다. 영화

속에서는 전드랜드 황무지Jundland Wastes라고 불리는데, R2-D2가 두건을 쓰고 고물을 수집하는 자와족에게 납치되며, 루크가 약탈자인 터스켄족에게 공격당하는 곳이다.

실제로는 작고 하얀 마라부(marabout, 사원)가 하나 서 있을 뿐이지만, 운이 좋으면 오래된 악어 화석을 발견할 수도 있다. 햇볕에 바짝 말라 쭈글쭈글 소용돌이를 이루는 사암 절벽은 그야말로 괴상야릇하다. 잠시나마 다른 행성에 와 있는 기분에 사로잡히게 해준다.

작품명 〈아라비아의 로렌스〉(데이비드 린, 1962)
배경 달나라 같은 풍경과 문제적 인물의 연대기를 품고 있는, 요르단의 신비로운 사막

와디 럼
WADI RUM

용광로처럼 불타오르는 사막. 뜨거운 기운이 일렁이고 모래바람이 휘몰아치는 지평선 너머에서 거무스름한 점이 하나 나타난다. 신기루처럼 아련하게 어른거린다. 작은 점이 서서히 커진다. 사위가 조용한 가운데, 모래를 차내는 나지막한 발굽 소리만이 끈질기게 이어진다.

낙타를 탄 사람의 형상이 스크린을 향해 서서히, 답답할 정도로 천천히 다가온다. 낯선 인물의 얼굴을 확인하는 데 거의 영겁에 가까운 시간이 걸린다. 관객은 그저 기다리며 익숙해질 수밖에 없다. 이곳에서는 시간과 기온, 거리는 물론이고 인간의 삶까지도 전혀 다른 리듬으로 흘러가니까.

데이비드 린David Lean 감독의 〈아라비아의 로렌스*Lawrence of Arabia*〉는 경이로운 영웅담과 압도적인 스케일, 210분에 달하는 러닝타임, 끝을 가늠할 수 없는 광활한 배경 등 대서사시로서의 요건을 빠짐없이 갖추고 있다.

실존 인물의 전기를 바탕으로 그의 명암을 모두 다룬 모험극이기도 하다. 옥스퍼드대 사학과 출신이며 아랍 문화에 정통한 영국군 중위 토머스 에드워드 로렌스(피터 오툴Peter O'Toole 분)는 제1차 세계대전 중에 중동 지역으로 파견된다. 영국이 오스만 제국을 견제하는 방편으로 그를 이 지역의 연락 장교로 임명해 아랍의 독립운동을 돕게 한 것이다. 그로 인해 발생한 일련의 사건들로 서방 세계와 아라비아의 관계는 현재와 같은 형태로 굳어지게 되었다.

영화는 이 시기의 대담한 군사 작전과 치열한 전투를 묘사하면서 로렌스라는 인물에게 초점을 맞춘다. 이 기상천외한 사나이는 머리가 비상하고 거짓말에 능하며, 불가사의하고 과시적인 성격에 배짱도 두둑해서 끊임없이 물의를 일으킨다.

영화에는 역사를 각색한 부분도 여럿 존재한다. 가령 아랍의 반란이 일어난 시점이 조정되었으며, 아카바Aquaba 공격은 극적인 효과를 위해 꾸며낸 이야기이다. 촬영도 대부분 실제 장소가 아닌 모로코와 스페인에서 이루어졌다. 영화에 등장한 홍해

연안의 항구도시 아카바는 사실 스페인 알메리아Almería 외곽에 제작한 세트장이었다. 그러나 시각적으로 가장 두드러지는 장면들은 실제 사건이 일어난 요르단에서 직접 촬영했다. 실존 인물인 로렌스는 1916년에서 1918년까지 이곳에서 오스만튀르크를 상대로 게릴라 공격을 벌였다.

현재는 요르단이라는 국가가 세워져 있지만, 당시에 이곳은 헤자즈Hejaz 왕국의 영토였는데, 영국은 헤자즈 왕인 알리King Ali에게 오스만 제국을 무너뜨리면 독립된 아랍 국가를 세워주겠다고 약속했다. 현재의 시리아, 이라크, 팔레스타인, 요르단을 모두 포함하는 단일 국가를 보장한 것이다.

그러나 이 약속은 이루어지지 않았고, 영국과 프랑스는 비밀리에 사이크스-피코 협정Sykes-Picot Agreement을 맺어 전후에 이 지역을 분할 통치했다. 1922년에 영국이 위임 통치하는 입헌군주국 트란스요르단이 건립되었으며, 요르단은 1946년에 들어서야 비로소 독립 국가가 되었다.

로렌스가 대담한 작전으로 맹활약했던 요르단은 지난 한 세기 동안 크나큰 변화를 겪었지만, 와디 럼Wadi Rum 사막의 풍광은 예전 모습 그대로 남아 있다. 로렌스가 낙타를 타고 달리던 사막에서 데이비드 린 감독이 〈아라비아의 로렌스〉를 촬영한 이래로 이곳은 자타공인 영화의 성지가 되었다. 로렌스는 아라비아에서의 경험을 풀어낸 자서전《지혜의 일곱 기둥*Seven Pillars of Wisdom*》에서 이 황막한 계곡을 "산울림이 번지는, 광활하고 신령스러운" 곳으로 묘사했고, "경탄스러운 기암절벽"과 "상상을 뛰어넘는" 풍경, "고요한 별들이 무수히 펼쳐진" 밤하늘을 찬양했다.

요르단 남부를 가로지르는 와디 럼의 사막 지형은 약 3억 년 전에 형성되었다. 화강암과 현무암, 사암 산맥이 풍화되어 불룩한 언덕과 기괴한 능선, 깎아지른 듯한 절벽, 좁은 골짜기와 아슬아슬한 아치를 만들어냈으며, 이 모든 지형이 불그스름한 색을 띠고 있다. 이곳은 선사 시대부터 인류가 거주했으며(암벽에서 1만 2천 년 전의 암각화가 발견됨), 고대 이후로는 대상들의 무역로로 이용되었다. 현재도 유목 생활을 하는 베두인족이 염소와 낙타를 치며 살고 있지만, 전통적인 생활 방식을 고수하는 이들은 이제 거의 남아 있지 않다.

할리우드 영화의 촬영지로 유명세를 타면서, 잘라비아와 주와이데 베두인(Zalabia and Zuwaydeh Bedouin, 호웨이타트 부족에 속한 씨족)들은 상당수가 관광업에 뛰어들었다. 데이비드 린 감독이 〈아라비아의 로렌스〉를 촬영한 1962년 이후, 〈스타워즈〉 시리즈와 〈마션Martian〉을 비롯한 여러 영화들이 이곳에서 촬영되었다. 와디 럼은 '달의 계곡'이라고 불릴 만큼 외계 행성의 분

위기를 내는 데 특화된 지역이기 때문이다.

하지만 〈아라비아의 로렌스〉에서 와디 럼과 요르단 남부는 다른 지방이 아닌 사막 그 자체로 묘사된다. 로렌스가 낙타를 타고 지나는 모래 언덕에는 바람이 빚어낸 물결무늬가 선명하다. 셰리프 알리(오마 샤리프Omar Sharif 분)가 아른거리는 신기루 속에서 천천히 등장하는 인상적인 장면도 이곳을 배경으로 펼쳐진다.

극중 로렌스는 사막에서 파이잘 왕자(알렉 기네스Alec Guinness 분)를 처음 알현하고, 선물 받은 아랍식 의상을 입고는 잔뜩 흥분해서 모래밭을 내달리는가 하면, 아랍 군대를 이끌고 불모의 사막을 건너는 강행군에 도전한다.

이곳의 무지막지한 열기와 목이 타들어 가는 건조함, 압도적인 규모와 입이 다물어지지 않는 장관은 스크린 밖에서도 고스란히 느껴진다. 선명한 주황색과 산호빛이 도는 분홍색, 진홍색, 황금빛 노란색 등의 색감도 관객의 시선을 사로잡는다. 소년이 유사(流沙, 액상화되어 무너져내리는 모래-역주) 속으로 빨려 들어가는 장면이나 둥그런 사구 위로 길쭉한 그림자가 떨어지는 장면, 작은 성냥불이 타오르는 태양과 겹쳐지는 장면 등은 사막이라는 배경을 한층 더 강렬하게 뇌리에 각인시킨다.

오늘날에는 와디 럼의 거주 환경도 많이 개선되어, 하루 이

틀 정도 전통적인 생활 방식을 맛보아도 크게 무리가 되진 않는다. 유네스코 세계문화유산이자 유명 관광지이며, 영화 성지 순례의 장소가 된 덕분이다. 그런 바람을 타고 1980년대에는 자발 알 마즈마르(Jabal al-Mazmar, 일명 페스트산Mountain of Plague)에 로렌스의 자서전 제목인 '지혜의 일곱 기둥'이라는 이름이 붙여지기도 했다(실제로 로렌스와는 아무런 연관이 없음).

베두인족의 야영지를 체험해보는 것도 얼마든지 가능하다. 양모 천막에서 잠을 자고, 수세대에 걸쳐 이곳에서 살아온 현지인 가족과 빵을 나눠 먹으며, 낙타를 타고 기기묘묘한 협곡 사이를 누빌 수도 있다. 모닥불 앞에 둘러앉아 담소를 나누거나 끝없이 펼쳐진 밤하늘의 별을 올려다보는 낭만도 빼놓을 수 없다. 한때 영화 제작진이 그랬던 것처럼, 그리고 그보다 앞서 로렌스가 그랬던 것처럼 말이다.

작품명 〈런치박스〉(리테쉬 바트라, 2013)
배경 혼돈 속에 나름의 질서가 잡혀 있는, 인도의 복잡한 대도시

뭄바이
MUMBAI

뿌옇고 습한 하루가 새롭게 시작된다. 수탉이 울고, 자전거 종이 딸랑이고, 인력거가 경적을 울리고, 자동차 배기관이 덜덜거린다. 만원 기차가 한 대, 두 대 힘겹게 움직이며, 북적이는 플랫폼 위로 사람들을 토해낸다. 출근 시간에 맞춰 수많은 이들이 비둘기 떼처럼 한꺼번에 움직인다. 그 속에서 한 무리의 사내들이 눈에 띈다. 흰 모자를 쓴 이들은 고객의 소중한 점심 도시락을 실수 없이 전달하겠다는 일념으로 가득한 배달 전문가들이다.

뭄바이는 어딜 가나 북적인다. 인구 천 2백만의 이 거대 도시에는 인도의 최상층과 최하층이 모두 모여 북새통을 이루며

मुम्बई सेन्ट्रल
CENTRAL

살고 있다. 소란과 갈등의 도시이자 몬순형 폭우와 지독한 폭염의 도시이며, 인파에 짓눌리면서도 외로움이 사무치는 도시이다.

감독 겸 작가인 리테쉬 바트라Ritesh Batra는 이 도시를 무대로 예스러우면서도 현대적인 로맨스극을 탄생시켰다. 뭄바이의 자랑인 도시락 배달 서비스 다바왈라dabbawala가 보기 드문 오배송 사고를 내는 바람에, 남편의 무관심에 괴로워하는 일라(님랏 카우르Nimrat Kaur 분)와 과묵한 홀아비 사잔(이르판 칸Irrfan Khan 분)은 도시락을 통해 편지를 주고받으며 순수한 애정을 싹틔운다.

최초의 다바왈라는 1890년에 탄생했다. 뭄바이의 한 은행가가 동네 소년을 고용해 매일 집에서 만든 점심을 자신의 사무실로 가져오게 한 것이다. 이 아이디어는 금세 큰 인기를 끌었다. 뭄바이에는 힌두교, 이슬람교, 불교, 조로아스터교, 자이나교 등 다양한 종교를 가진 사람들이 모여 사는데, 이들은 저마다의 율법에 따라 먹는 음식에 제한이 있다. 따라서 직장인들은 식당에 가기보다 집에서 만든 도시락을 선호했다. 사업적 수완이 있었던 이 소년은 동네의 다른 직장인들에게도 배달 주문을 받기 시작했다. 오늘날에는 5천 명의 다바왈라 직원들이 매일 20만 개의 도시락을 배달한다.

〈런치박스*The Lunchbox*〉는 이 배달 전쟁 속으로 우리를 끌고 들어간다. 관객은 양철 도시락이 현관문 앞에서 여러 단계를 거쳐 최종 목적지까지 도달하는, 신기에 가까운 여정에 동행하게 된다. 한바탕 묘기 같은 일들을 조직적으로 척척 해내는 실제 배달원들을 출연시켜 더욱 실감이 난다.

그들을 따라가다 보면, 우리는 어느새 뭄바이의 정신 사나운 소음과 달짝지근한 카레 냄새가 감도는 흙먼지와 뿌연 배기가스 속에 들어와 있다. 북쪽의 비라르Virar 역에서 남쪽의 처치게이트Churchgate 역, 동쪽의 암베르나트Ambernath 역에서 서쪽의 다다르Dadar 역까지 현실의 다바왈라는 도시 전역으로 도시락을 나른다.

앞의 기차역 중 어디를 찾아가도 간디 모자(Gandhi caps, 인도의 남성용 흰 모자를 통칭-역주)를 쓰고 하얀 쿠르타(kurtas, 튜닉형의 헐렁한 상의-역주)를 입은 남성들을 목격할 수 있다. 이들은 나무 운반대에 빼곡히 들어찬 양철 도시락통들을 알파벳과 숫자, 색상 코드에 따라 분류한다. 그런 다음, 이것들을 머리에 이고 가서 자루에 옮겨 담은 후 자전거의 핸들 고리에 걸고, 차들이 복잡하게 뒤엉킨 도로를 달린다. 뭄바이 다바왈라 조합에 '다바왈라와 함께하는 하루'라는 체험 프로그램을 신청하면 인근 지역에서 활동하는 배달원을 직접 따라다녀 볼 수도 있다.

〈런치박스〉는 이런 도시락통 중 하나가 잘못 배달된다는 설정에서 이야기가 시작된다. 일라는 서먹해진 남편과의 관계를 회복하기 위해 특별한 점심 도시락을 준비한다. 하지만 파니르 코프타(paneer kofta, 치즈와 고기를 다져서 둥글게 빚은 요리-역주), 여주 카레, 외할머니의 특제 봄 사과 사브지(sabzi , 인도식 채소 요리-역주) 등 정성이 듬뿍 담긴 이 음식들은 엉뚱하게도 남편이 아닌 사잔의 책상으로 배달된다.

사실 현실에서는 이런 일이 발생할 가능성이 아주 희박하다. 2010년에 하버드 대학에서 분석한 바에 따르면, 다바왈라의 배송 체계는 매우 정확해서 오배송이 일어날 확률은 4백만분의 1에 불과하다고 한다.

군침 도는 음식들을 따라가는 여정에 더해, 영화는 뭄바이의 오래된 동네들을 스크린으로 불러낸다. 사잔의 집은 아라비아해에 면한 웨스트 뭄바이의 외곽 지역인 반드라Bandra에서도 란와르Ranwar 마을에 있다. 17세기에 건설되어 현재는 문화유산에 등재된 이 작은 마을은, 갈수록 도시를 잠식해가는 고층 건물들에 대항해 야트막한 구릉지대를 꿋꿋하게 지키고 있다. 가톨릭 전통이 강해서 성당이 많으며(사잔의 죽은 아내 무덤도 마운트 카멜이라는 성당에 있음), 좁은 골목과 인도-포르투갈 양식의 작은 집마다 부겐빌레아가 심어져 있다.

또한 이곳은 길거리 예술가들에게 좋은 캔버스가 되어준다. '발리우드 아트 프로젝트'의 일환으로 칠이 벗겨진 담벼락에 인도 영화계의 전설들을 그려 넣기도 했다. 2020년에 사망한 이르판 칸의 얼굴도 그의 캐릭터가 살았던 집 부근에 벽화로 남았다.

〈런치박스〉는 뭄바이의 혼잡과 소란과 혼돈 속에서, 외로운 두 사람의 영혼이 잔잔하지만 각별한 유대를 맺으며 서로의 필요를 채워주는 과정을 세세히 묘사한다. 그렇게 일라와 사잔은 '잘못 탄 기차가 올바른 장소로 데려다줄 수도 있다'는 걸 우리에게 증명해 보인다.

작품명 〈용쟁호투〉(로버트 클로스, 1973)

배경 강인한 전통문화를 간직한 채 세계적인 도시로 발전한, 중국의 현대적인 섬

홍콩

HONG KONG/香港

이 도시에는 서로 모순되는 것들이 뒤섞여 있다. 높다란 콘크리트 건물 밑으로 수많은 기와집이 늘어서 있고, 시끄러운 택시가 사람이 끄는 인력거와 경쟁한다. 억만장자들의 요트가 낡은 목제 정크선과 나란히 정박해 있으며, 초대형 여객기의 엔진 소리와 사찰의 종소리가 동시에 울려 퍼진다. 날카로운 고음으로 기합을 넣으며 물 흐르듯 유연한 동작을 선보이는 동양 최초의 슈퍼히어로가 떠오른다.

홍콩은 동서양이 만나는 관문이다. 오랜 세월 중국의 영토였던 이곳은 제1차 아편전쟁을 거치며 1842년, 영국에 할양되었다. 주강(Pearl River, 珠江) 삼각주의 작은 어촌 마을은 이때부터

세계적인 대도시로 발돋움하며, 수 세기에 걸쳐 축적된 중국 문화와 식민주의의 유산이 한 도시 안에서 어우러지게 되었다. 고대의 지혜와 현대의 산업이 맞닥뜨리고, '동양의 신비'와 서양의 실용성이 조우했다. 바로 이러한 도시에서 미중 합작으로 제작된 영화 〈용쟁호투*龍爭虎鬪*|*Enter the Dragon*〉(감독 로버트 클로스Robert Clouse)는 동양의 무술과 주연 배우인 브루스 리(Bruce Lee, 이소룡)를 전 세계에 알리는 기폭제가 되었다.

홍콩이라는 도시처럼 브루스 리도 서양 세계에 아시아 문화를 알리는 관문 역할을 했다. 샌프란시스코에서 태어나 카오룽(九龍, Kowloon)에서 자란 그는 두 문화를 고루 접한 사람으로서 양쪽 관객을 모두 만족시킬 방법을 알고 있었다. 한국전쟁과 베트남전쟁으로 동양인을 무시하는 분위기가 만연하던 시기에 참으로 소중한 재능이 아닐 수 없었다. 그는 미국에서 어느 정도 인지도를 쌓은 상태였지만 자신의 대표작인 〈용쟁호투〉를 제작하기 위해 홍콩으로 귀국했다.

영화 속에서 그가 연기한 소림사 출신의 리는 영국 정보부의 요청으로 한(Mr Han, 석견Shih Kien 분. 소림사 승려였다가 변절한 악당으로, 다소 풍자적으로 묘사됨)의 사유지에서 열리는 무술 대회에 참가한다. 그는 다양한 인종의 무술인들과 함께 대회가 열리는 섬에 도착해 한의 지하 소굴에 성공적으로 잠입한다. 그리고

번개처럼 날렵한 동작으로 한의 부하들(수백 명의 엑스트라가 동원됐는데, 그중 일부는 실제로 서로 원한 관계에 있던 홍콩의 여러 폭력단에서 섭외함)을 차례로 제압한 다음, 거울로 둘러싸인 비밀의 방에서 한과 마지막 대결을 벌인다.

영화 초반에는 과거와 현재가 공존하는 홍콩의 풍경이 집중적으로 소개된다. 마치 관광용 브로슈어를 펼치듯 애드미럴티Admiralty와 센트럴Central, 홍콩을 대표하는 빅토리아 항구Victoria Harbour까지 고층 건물이 늘어선 상업 지구를 쭉 돌아가며 보여준다. 그런가 하면 바닷바람이 시원하게 불어오고 온갖 새들이 지저귀는 산사山寺도 등장한다.

청산사青山寺는 홍콩에서 가장 오래된 사찰로, 전설에 의하면 5세기에 인도의 한 승려가 나무로 된 잔을 타고 바다를 건너와 건립했다고 한다. 주인공인 리는 이곳의 푸르른 경내에서 할리우드 액션에 중국 사상을 접목한 자신만의 무술 철학을 설파한다.

한의 섬으로 향하는 정크선이 정박해 있던 애버딘Aberdeen 항구는 수상 가옥에서 생활하는 탕카족의 고향으로, 이곳의 삶은 지금도 물을 중심으로 활기차게 돌아간다. 한가롭게 빨래를 널고 생선을 말리는 집배들, 웬만한 호텔 크기의 수상 레스토랑, 생선 비린내가 가득한 수산 시장 등 볼거리도 가득하다. 아기를

업은 채 삼판선(밑이 평평한 구조의 작은 배-역주)의 노를 젓는 여인들은 서로 배를 태워주겠다며 관광객을 불러세운다.

홍콩은 카오룽 반도와 260여 개의 섬으로 이루어져 있다. 영화 속에서 한의 비밀 벙커가 숨겨져 있는 섬은 여러 장소에서 촬영한 장면을 이어붙인 것이다. 우선 공중에서 내려다본 수풀이 무성한 무인도는 카우이차우Kau Yi Chau섬이다. 한의 저택으로 등장한 건물은 1930년대에 홍콩섬에 지어진 킹인레이景賢里/King Yin Lei로, 붉은 벽돌에 녹색 기와를 얹은, 홍콩에서 보기 힘든 중국 르네상스 양식의 건축물이다. 동서양의 문화를 융합한 킹인레이는 현재 문화유산으로 지정돼 있으며, 비정기적으로 일반인의 관람을 허용하고 있다.

리 일행이 하선하는 선착장도 실제로는 홍콩섬의 남쪽 해안에 있는 타이탐(大潭, Tai Tam) 항구이다. 오늘날에도 자갈 해안과 화강암 절벽, 작은 지하 요새(1941년에 이곳에서 일본군의 침략을 막기 위한 치열한 전투가 벌어짐)가 남아 있다. 현재는 항구 뒤편까지 전부 개발이 진행되었지만, 인근의 타이탐 교외 공원Tai Tam Country Park은 시냇물을 따라 산책하거나 수풀이 우거진 산속에서 하이킹을 즐기기 좋은 장소이다.

이처럼 홍콩은 생기 넘치는 도심과 대자연이 살아 있는 해안이라는 두 가지 상반된 모습을 지닌 채, 서로 다른 두 세계를 하나로 이어주고 있다. 중국과 미국, 동양과 서양의 문화를 결합해 무술 영화의 전설로 남은 〈용쟁호투〉처럼 말이다.

작품명 〈기생충〉(봉준호, 2019)

배경 궁상맞은 빈곤층과 호화로운 상류층이 공존하는, 대한민국의 인구 과밀 도시

서울

SEOUL

세계의 절반을 차지하는 빈곤층의 삶에 대해 당신은 얼마나 알고 있는가. 저 아래 세상에서는 기름으로 눅눅해진 피자 상자에 곱등이가 기어 다니고, 협소한 방의 눅눅한 벽지에 곰팡이가 피어 있으며, 반지하 창문의 창살 너머로 주정뱅이가 오줌을 갈긴다. 그곳에서는 특유의 냄새가 난다. 낡은 걸레 냄새, 싸구려 음식 냄새, 지하철 냄새. 그런데 저 위에는 완전히 다른 세상이 존재한다! 널찍하고, 높다랗고, 햇살이 쏟아지는 세상. 사방에서 반짝반짝 윤이 나고, 세련된 가구가 즐비하며, 도우미가 등심 스테이크를 넣은 짜파구리를 만들어주는 곳. 이처럼 극과 극이 공존하는 도시는 사기와 부정, 때로는 그보다 더한 범죄를

이자카야
노래
갈비
열쇠
노래방
철물

불러일으킨다.

외국어 영화로는 최초로 아카데미 작품상을 거머쥔 〈기생충〉은 블랙 코미디와 반전극, 스릴러, 폭력, 고어(gore, 유혈이 낭자한 장면을 직접적으로 보여주는 영화—역주) 등 다양한 장르를 넘나드는 매력적인 작품이다. 이 영화는 또한 자본주의와 계급사회에 대한 은유로서, '헬조선'의 현실을 강력하게 고발한다.

〈기생충*Parasite*〉의 배경이자 대한민국의 수도인 서울은 세계적으로도 인구밀도가 높고 물가가 비싸기로 유명하다. 이곳의 인구밀도는 뉴욕의 두 배에 해당하며, 현재 시점에서 평균 아파트 시세는 11억 원에 이른다. 부유층은 넓고 호화로운 집에 거주하지만, 운이 나쁜 사람들은 폐소공포증을 일으킬 만큼 비좁은 공간에서 서로 부대끼며 살아갈 수밖에 없다. 고용 안정성이 감소하고 임금 격차가 늘어난 탓이다.

봉준호 감독의 영화 속 김씨 가족도 가난한 탓에 좁은 반지하에 살고 있다. 반지하는 한국전쟁 이후 남북 간의 긴장 구도가 이어지면서 처음 생겨난 주거 형태이다. 1970년대에 세계 각국에서 테러 사건이 잇따라 벌어지자, 대한민국 정부는 새로 건설하는 주거용 저층 건물에 비상시 방공호로 사용할 수 있는 지하실을 설치할 것을 의무화했다. 그러나 80년대에 들어 주택 부족 문제가 심각해지자 반지하는 저렴하게 세를 주는 임대 주

돼지쌀슈퍼

거 공간이 되었다.

바로 이러한 누추하고 어두운 반지하에서 〈기생충〉의 이야기가 시작된다. 건조대에 양말이 걸려 있고, 형광등 불빛이 깜박이며, 쓰레기가 널려 있는 것도 모자라 바퀴벌레가 득실대는 공간. 실제 촬영이 이루어진 반지하는 영화를 위해 제작한 세트장이었으며, 어수선한 가게들과 쓰레기통, 길게 늘어진 전깃줄이 인상적인 집 밖의 추레한 골목도 실제로는 존재하지 않는다. 그러나 이와 비슷한 동네는 서울 어디에서나 찾아볼 수 있다.

김기우(최우식 분)의 친구가 그에게 과외 자리를 제안하는 우리 슈퍼는 현실에 존재하는 공간이다. 실제 이름은 돼지(쌀) 슈퍼로, 마포구에 있는 오래된 가게이다. 라면이나 달걀, 소주처럼 이 동네에 어울리는 먹을거리를 사러 가면, 나이가 지긋한 사장님 내외가 웃는 얼굴로 맞아준다. 김씨 가족에게 상자 접는 일을 맡긴 피자 가게도 실제로 존재한다. 동작구에 있는 스카이피자이다. 일가족이 운영하는 이 가게 내부에는 봉준호 감독의 사진이 액자에 걸려 있다.

영화에서 김씨 가족은 한 명씩 부유한 박 사장의 집 안으로 침투한다. 유명 건축가가 설계했다는 고급 주택이다. 이 집은 영화를 위해 전주에 제작한 세트였지만, 서울의 부유층 동네에 자리한 것처럼 묘사된다. 지명이 언급되지는 않아도 대한민국의 베벌리 힐스라고 할 수 있는 강남 지역으로 추정된다. 이 지역을 산책하다 보면, 고요한 왕릉과 올림픽 공원, 여러 미술관과 명품 부티크를 구경할 수 있다.

김씨 가족은 어리숙한 박 사장 가족을 속여 각자 그 집에서 일자리를 얻는다. 높은 세상으로 올라가 상류 계급과 어울리게 된 것이다. 그곳에 이르려면 말 그대로 기어 올라가야 한다. 그런 뜻에서 봉준호 감독은 〈기생충〉을 '계단 영화'라고 표현했다. 이를 가장 상징적으로 보여주는 것이 서울의 중심부인 종로구에 자리한 자하문 터널 계단이다. 박 사장 저택에서 의외의 사건이 발생하자, 그곳을 도망쳐 나온 김씨 가족은 세차게 쏟아지는 비를 맞으며 이 길고도 음울한 계단을 내려간다. 이어서 어두침침한 터널을 지난 이들은 폭우로 침수된 자신들의 반지하 집에 도착한다. 부유층과 빈곤층의 격차가 가장 뚜렷하게 대비되는 순간이다.

작품명 〈사랑도 통역이 되나요?〉(소피아 코폴라, 2003)

배경 현란한 조명과 번쩍이는 기계, 북적이는 인파 속에 의외의 고요함이 도사리고 있는, 일본의 정신 사나운 대도시

도쿄

TOKYO / 東京

눈부신 조명에 두 눈이 침침해진다. 시차증으로 고생하는 사람들은 이 거대하고 자극적이며 혼란스러운 도시에서 피로감을 느끼게 된다.

창밖은 완전히 딴 세상처럼 반짝반짝, 시끌시끌, 현란하기 그지없다. 유리로 된 고층 건물과 네온사인이 가득하고, 콘크리트 계곡을 따라 아스팔트 도로 위로 차들이 길게 꼬리를 물며, LCD 스크린에선 일본어 글자가 눈부시게 스크롤되며 상품을 홍보한다. 수백만 인구가 불협화음을 내며 북적이는 도시에서 인간은 오히려 더 고독해진다.

〈사랑도 통역이 되나요?*Lost in Translation*〉는 위스키 광고 촬영

을 위해 일본을 방문한 미국 배우 밥 해리스(빌 머리Bill Murray 분)와 갓 대학원을 졸업하고 남편의 도쿄 출장에 동반한 샬럿(스칼릿 조핸슨Scarlett Johansson 분)의 로맨스 같지 않은 로맨스를 다루고 있다. 중년의 위기를 겪고 있는 밥과 혼자만 겉돌고 있는 샬럿은 낯선 외국 도시에서뿐만 아니라 각자의 삶에서도 갈피를 잃고 방황 중이다. 현대화된 일본의 최전선이라 할 수 있는 신주쿠新宿와 시부야渋谷 지역은 타국의 도시와 문화 속에서 주인공들이 느끼는 소외감을 전달하기에 가장 이상적인 장소다.

신주쿠는 상업 및 오락 시설이 집중된 도심지이다. 고층 건물이 밀집돼 있어 지진이 빈번한 도쿄에서 내진 설계가 가장 철저히 돼 있는 구역이기도 하다. 신주쿠의 중심부에 자리한 신주쿠 역은 하루 이용객이 350만 명에 달해, 세계에서 가장 붐비는 지하철역으로 꼽힌다. 다양한 쇼핑몰과 백화점이 그 주위를 둘러싸고 있으며, 일본 제일의 환락가인 가부키초歌舞伎町도 지척에 있다.

남쪽으로 조금만 내려가면 도쿄에서 가장 혼잡하고 번화한 시부야 구가 나온다. 힙한 젊은이들의 거리인 이곳에는 옷가게와 스시집, 작은 이자카야(선술집), 나이트클럽, 러브호텔 등이 몰려 있다.

밥과 샬럿이 투숙하는 파크 하얏트 도쿄Park Hyatt Tokyo는 전

체 52층 중 상층부 열네 층을 차지하는 신주쿠의 고급 호텔로, 유명인들이 자주 찾는 곳이다. 호화로운 로비와 미니멀리즘을 살린 세련된 객실(샬럿이 커다란 창문의 창턱에 앉아 바깥을 내다보며 상념에 잠기던 곳), 47층의 널따란 수영장 등도 전부 영화를 통해 구경할 수 있다.

그중에서도 가장 인상적인 장소는 꼭대기 층에 있는 '뉴욕 바 &그릴'이다. 뿌옇고 어둑어둑한 실내에서 재즈 음악이 흘러나오는 이 세련된 바에서 두 사람은 두어 차례 함께 술잔을 기울인다. 벽면 전체를 차지하는 이곳의 통창으로 NTT 도코모 요요기 빌딩(일본판 엠파이어 스테이트 빌딩)을 비롯한 시내의 전경이 내다보이며, 맑은 날은 멀리 후지산까지 보인다. 여유가 된다면 밥처럼 저녁놀을 배경으로 산토리 위스키를 홀짝이며 라이브 음악을 즐길 수도 있다.

외로운 남녀 주인공은 이윽고 폐쇄적인 안식처인 호텔을 벗어나 다른 관광객들처럼 인근 지역을 배회하기 시작한다. 두 사람은 택시를 타고 화려한 네온 간판들로 둘러싸인 야스쿠니靖国 거리를 지난다. 늦은 밤에 가라오케칸이라는 노래방(영화를 촬영한 곳은 601호와 602호)의 시부야점에서 노래를 부른다. 그리고 시부야에 있는 샤부샤부 음식점 샤부젠에서 침울한 식사를 한다. 기모노를 입은 여종업원들이 얇게 썬 생고기를 가져다주면 손님이 직접 냄비에 익혀 먹는 곳이다(두 사람은 처음 보는 이러한 방식을 낯설어 한다—역주).

샬럿은 신주쿠에 섬처럼 오도카니 자리하고 있는 조간지成願寺라는 사찰도 방문하는데, 600년 역사를 지닌 이곳은 도쿄라는 다이내믹한 도시에 여전히 살아 숨 쉬는 일본의 정신적 본질을 체감하게 해준다.

밥과 샬럿은 둘 다 도쿄의 타임스 스퀘어라 할 수 있는 시부야 스크램블 교차로를 건너는데, 이곳은 시부야역의 하치코ハチ公 출구에서 제일 가깝다. 신호가 바뀔 때마다 3천여 명이 동시에 이 X자 횡단보도를 건너며, 사방에선 요란한 광고판이 번쩍인다. 제작진은 인근 스타벅스의 2층 창가에서 게릴라 스타일로 이 장면을 촬영했다. 지금도 도쿄에서 이 명물 교차로를 내려다보며 혼돈 속의 질서를 느껴보려면 이만한 장소가 또 없다.

소피아 코폴라Sofia Coppola의 〈사랑도 통역이 되나요?〉는 도쿄에서 찍을 수밖에 없는 영화였다. 현대의 파격성과 전통의 은근함이 절묘하게 조화를 이루는 도시. 이 어지럽고 흥미롭고 매혹적인 소용돌이 속에서만 비로소 가능한 일들이 세상에는 존재하는 법이다. 조금 특이한 남녀가 서로를 발견하고 자기 자신을 이해하기에 이보다 더 완벽한 장소가 또 어디에 있을까.

작품명 〈프리실라〉(스테판 엘리엇, 1994)
배경 끝내주는 비경을 자랑하는, 호주의 웅장하고 드넓은 오지

아웃백
OUTBACK

사막에서 보내는 휴가! 야호, 얼마나 멋진 계획인가! 그리하여 세 명의 화려한 드래그 퀸(drag queen, 여장을 하고 과장된 여성성을 연기하는 사람 – 역주)은 커다란 은색 버스를 타고 내륙의 아웃백으로 출발한다. 깃털과 장식물이 가득한 버스 안에서는 한바탕 서커스가 벌어진다. 여행 내내 아바ABBA의 음악이 울려 퍼지며, 스판덱스 의상과 반짝이는 장신구, 플랫폼 힐로 무장한 세 사람은 캥거루와 가시덤불, 붉은 암반, 보수적인 시골 사람들과 사사건건 충돌한다. 태곳적부터 별의별 일을 다 목격한 신성한 대지에 듣도 보도 못한 드래그 퀸들이 발을 들이며 감동적인 변화와 성장의 이야기가 펼쳐진다.

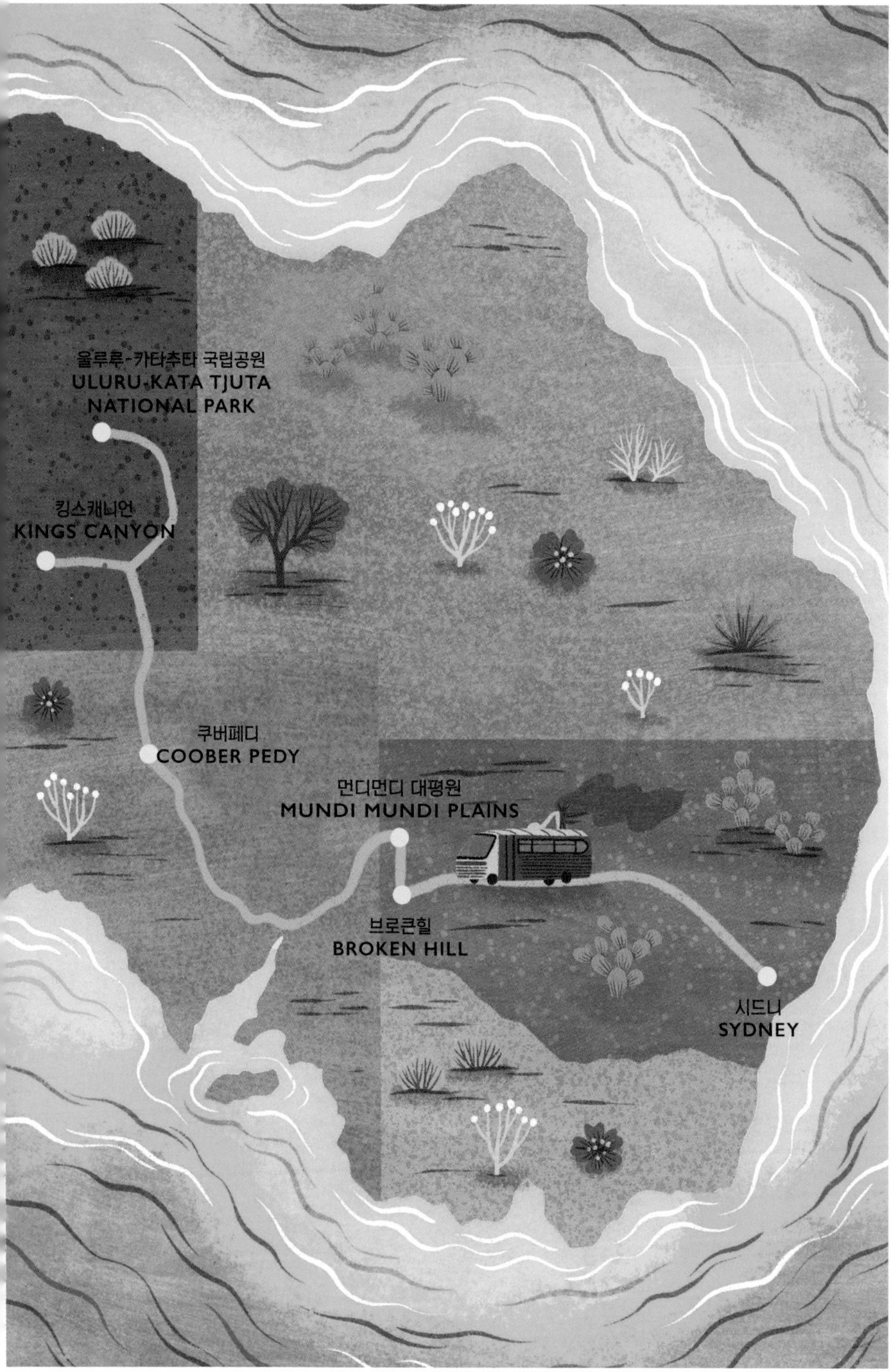
울루루-카타추타 국립공원
ULURU-KATA TJUTA
NATIONAL PARK
킹스캐니언
KINGS CANYON
쿠버페디
COOBER PEDY
먼디먼디 대평원
MUNDI MUNDI PLAINS
브로큰힐
BROKEN HILL
시드니
SYDNEY

영화 〈프리실라*The Adventures of Priscilla, Queen of the Desert*〉가 세상을 발칵 뒤집으며 극장을 강타한 1994년, 호주 정부는 자국 내에서 성인 간 상호 동의하에 이루어지는 성행위를 합법화하는 법안을 최종적으로 통과시켰다. 스테판 엘리엇Stephan Elliott 감독의 컬트 로드무비는 바로 이러한 정치 · 사회적 움직임을 배경으로 세 명의 성 소수자를 등장시킨다. 드래그 퀸인 미치 델 브라(휴고 위빙Hugo Weaving 분)와 펠리시아 졸리굿펠로(가이 피어스Guy Pearce 분), 트랜스젠더인 버나뎃 배신저(테렌스 스탬프Terence Stamp 분)는 직접 '프리실라'라는 이름을 붙인 낡은 히노 RC320 버스를 타고 시드니에서 머나먼 사막의 앨리스 스프링스Alice Springs까지 여행을 떠난다. 남성성의 실체를 탐구하고 호주의 아웃백 지역을 탐험하며 시대를 훌쩍 앞서가는 철학을 보여준 이 저예산 영화는 세계적으로 큰 흥행을 거두며 성 소수자 운동의 중요한 지표가 되었다.

영화의 첫 장면은 시드니 외곽 어스큰빌Erskineville의 임페리얼 호텔Imperial Hotel에서 시작된다. 반짝이는 시퀸 드레스를 빼입은 미치와 펠리시아가 호텔 바의 찬란한 무대에서 립싱크 공연을 하고 있다. 1940년대에 건설된 아르데코 양식의 임페리얼 호텔은 때때로 크고 작은 소동은 있었지만, 동성애가 아직 불법이던 1980년대부터 성 소수자들이 안심하고 모일 수 있는 안식

처가 되어주었다. 2018년에 전면적인 리모델링을 거친 후, 현재는 〈프리실라〉를 테마로 한 바에서 드래그 퀸들을 대상으로 빙고 나이트나 분장 공연 등의 정기 행사를 열고 있다.

하지만 영화는 곧바로 시드니를 벗어난다. 도심을 빠져나와 내륙의 오지로 들어가기 전에 오페라하우스와 하버브리지 등의 풍경이 잠시 비친다. 세 사람은 좌충우돌하면서, 가도 가도 관목과 하늘만 펼쳐진 텅 빈 도로를 달려 뉴사우스웨일스New South Wales주 한구석에 있는 오래된 광산촌 브로큰힐Broken Hill에 당도한다. 사막 경계부에 있는 이 외진 마을의 역사는 식민지 시대인 1880년대까지 거슬러 올라간다.

술집에서 마주한 무례한 인신공격에 버나뎃이 독설을 날린 후로, 브로큰힐 사람들은 대부분 이 요상한 외부인들을 환영해 준다. 하지만 누군가는 버스 측면에 스프레이 페인트로 동성애자를 비하하는 욕설을 휘갈겨 놓기도 한다. 현실에서 브로큰힐은 호주 최초로 문화유산이 된 마을이며, 창의적인 감성과 방문객을 반기는 문화가 널리 퍼져 있다.

세 주인공이 쇼핑을 하는 아젠트가Argent Street는 브로큰힐의 중심가로, 실제로도 카페와 갤러리, 부티크 등이 늘어서 있으며, 그들이 하룻밤을 묵는 팰리스 호텔Palace Hotel도 이 거리에 자리하고 있다. 19세기에 지어진 이 호텔은 지금까지도 영화의

유산을 소중히 간직한 채 손님들을 맞이하고 있다. 로비에는 미치가 "진짜 촌스러워!"라고 외친 키치한 벽화가 그대로 남아 있으며, 2015년부터는 '브로큰힐(Broken Heel, 마을 이름인 Broken Hill과 발음이 비슷하지만 '부러진 하이힐'이라는 뜻—역주)'이라는 이름으로 카바레 쇼와 코미디 공연, 여장 체험 등을 즐기는 3일간의 드래그 퀸 축제를 열고 있다.

브로큰힐에서 조금만 더 가면 실버턴(Silverton, 여러 호주 영화의 촬영지로 이용되었으며, 매드맥스 박물관이 있음)이라는 쇠락한 마을이 나오며, 거기서 조금 더 가면 좁다란 아스팔트 도로가 지평선 너머로 끝없이 펼쳐지는 먼디먼디 대평원Mundi Mundi Plains이 모습을 드러낸다. 무서울 정도로 황량하고 광막한 평원이라, 영화에서처럼 도중에 차가 고장 난다고 생각하면 정신이 아찔해진다.

브로큰힐 주민들이 비교적 편견 없이 세 사람을 반겨준 것과 달리, 쿠버페디Coober Pedy 사람들은 그곳의 척박한 지형만큼이나 비우호적이다. 세계에서 가장 큰 오팔 광산이 있는 사우스오스트레일리아South Austrailia주의 이 작은 마을은 마치 달의 표면이나 종말 후의 세상을 연상시킨다. 적황색 대지에 하얀 둔덕이 무수히 솟아 있고, 지열이 최고 50℃까지 올라간다. 주민들은 더위를 피해 땅속에 거주하며, 세 드래그 퀸이 머물렀던 화이트

클리프 모텔White Cliffs Motel처럼 이곳의 호텔과 교회는 전부 지하에 조성돼 있다.

영화에서 최종 목적지였던 앨리스 스프링스는 사실 평범한 마을이지만, 주인공들이 공연을 펼친 라세터스 호텔Lasseters Hotel 카지노는 한 번 방문해볼 만하다. 호주 중앙부의 노던준주에 있는 앨리스 스프링스는 가장 호주다운 땅을 탐험하려는 이들에게 좋은 관문이 되어준다. 울루루-카타추타Uluru-Kata Tjuta 국립공원, 킹스캐니언Kings Canyon 등이 여기서 서쪽으로 대여섯 시간 거리에 있다.

원래 대본에서 펠리시아의 소원은 장 폴 고티에의 기다란 드레스에 하이힐을 신고 울루루 꼭대기에 오르는('거시기를 드레스에 감추고 암벽에 서는') 것이었지만, 원주민들이 워낙 신성시하는 땅이라 촬영 장소를 바꿀 수밖에 없었다(2017년부터는 관광객의 울루루 등반이 전면 금지됨).

결국 세 사람은 킹스캐니언 꼭대기에 올랐는데, 이곳은 약 4억 년 전에 형성된 협곡이자 루리차 원주민들이 2만 년 전부터 거주해온 보금자리이다. 현란한 드래그 퀸 복장을 갖춰 입은 세 사람은 500개의 계단과 좁은 골짜기(현재는 프리실라 골짜기라고 불림)로 이루어진 림워크Rim Walk 코스를 통해 전망대에 오른다. 유칼립투스 나무와 분홍 앵무새들이 등반객을 반겨주는 둘레길이다. 언덕 꼭대기에서 발밑으로 아득한 대지를 내려다보며 버나뎃은 이렇게 감탄한다. “끝이 안 보이네. 완전히 뻥 뚫려 있어.”

깃털과 반짝이로 온몸을 치장한 세 사람이 때 묻지 않은 원시의 땅을 밟고 있는 모습은 호주인의 정체성을 고스란히 드러내 준다. 그들은 뻔뻔스러울 만큼 오만불손하고 무심하게 농담을 던지며, 진취적이고 성미가 고약하며 에너지가 넘치고 요란하다. 이런 사람들도 얼마든지 인정받고 살아갈 수 있는 곳. 호주는 그런 나라이다.

작품명	〈피아노〉(제인 캠피언, 1993)
배경	원시의 자연과 개척 정신이 교차하는, 뉴질랜드의 넓고 황량한 모래톱

카레카레 해변
KAREKARE BEACH

성난 파도가 새하얀 거품을 일으키며 밀려들다가, 우중충한 바위와 검은 모래에 부딪히면 겨우 그 기세가 잦아든다. 짐승처럼 난폭하고 고막을 찢을 듯이 소란한 자연의 힘이 느껴진다. 바다는 사납게 울부짖으며 말 없는 여인을 아득히 멀고 험한 섬으로 실어나른다.

〈반지의 제왕〉 시리즈가 뉴질랜드의 신비로운 일면을 담아냈다면, 〈피아노*The Piano*〉(감독 제인 캠피언Jane Campion)는 이 땅의 가장 현실적인 모습을 보여준다. 이 격렬하면서도 모호한 로맨스 시대극은 뉴질랜드가 지금처럼 세계적인 휴양지가 아닌 고난과 역경의 땅이었던 식민지 시대의 이야기다. 당시의 '아오테

아로아(Aotearoa, 마오리어로 뉴질랜드를 가리키는 말. 길고 하얀 구름이라는 뜻—역주)'는 인간에게 길들여지지 않은 척박하고 고립된 섬이었다.

영화의 시대적 배경은 19세기 중반이지만, 구체적인 시기는 언급되지 않는다. 와이탕기 조약Treaty of Waitangi으로 뉴질랜드가 건국된 1840년 이전인지 이후인지도 모호하다. 당시 토착민인 마오리족은 영국에 주권을 이양하는 대신 자신들의 문화를 보호받는다는 조건으로 이 조약에 서명했다.

영화 속 장소의 구체적인 지명 또한 알 수 없다. 해안가와 잡목숲, 비가 오면 질척해지는 진흙밭, 황량하면서 은근히 불길한 기운이 감도는가 하면 왠지 마법에 걸린 듯한 원시에 가까운 공간들이 이름 없이 비춰질 뿐이다. 망개나무 덤불에서 생전 처음 보는 새들이 지저귀고, 이끼와 고사리가 무성하게 자라나며, 아름드리 타와 · 리무 · 카우리 나무가 위용을 과시하고 있다. 모코(moko, 문신)를 새기고 고유한 언어를 쓰며 와카(waka, 카누)를 타고 다니는 마오리족도 등장하지만, 이들은 이국적인 분위기를 내는, 보조적인 역할에 불과하다.

영화 초반, 에이다 맥그레스(홀리 헌터Holly Hunter 분)는 딸 플로라(애나 패퀸Anna Paquin 분)를 데리고 스코틀랜드를 떠나 뉴질랜드로 건너간다. 애지중지하는 피아노도 소중히 챙겨 배에 실

었다. 여섯 살 때부터 말을 하지 않은 에이다는 아버지의 강요로 이 땅의 개척자인 앨리스데어 스튜어트(샘 닐Sam Neill 분)에게 시집을 오는 길이다.

이때까지도 그녀는 아직 보닛과 크리놀린(crinoline, 스커트를 부풀리기 위한 속옷-역주)이라는 문명의 상징물 안에 갇혀 있다. 에이다와 플로라를 태운 배가 마치 세상의 끝처럼 보이는 검은 절벽 앞 해안가에 모녀를 내려놓는다. 작고 연약한 두 사람의 형체는 자연의 광활함 앞에서 한층 더 왜소해 보인다.

냉정한 성격의 스튜어트는 무거운 피아노를 집이 있는 내륙까지 운반할 수 없다며 바람과 파도가 몰아치는 해변에 버려두고 간다. 나무 상자에 든 악기가 황량한 모래사장에 방치된 광경은 관객의 뇌리에서 쉬이 떠나지 않는다. 마치 에이다의 외로움과 무력함을 대변하는 듯한 이미지이다. 더불어 유럽의 팽창주의적 침략을 상징하기도 한다.

얼마 후 스튜어트는 이 피아노를 조지 베인스(하비 카이텔Harvey Keitel 분)에게 팔아넘긴다. 고상함과는 거리가 먼 베인스는 '원주민'에게 어느 정도 동화돼 있는 인물이다. 격노한 에이다는 피아노를 되찾기 위해 베인스와 두렵고 수상쩍은 거래를 하고, 이를 계기로 사랑과 그것을 억제하려는 노력, 성적 충동과 언어를 넘어선 소통이 싹튼다.

영화에서 스튜어트와 베인스가 거주하는 점토질 숲을 만들기 위해 뉴질랜드 북섬에 있는 농장 몇 개가 동원되었다. 하지만 그보다 더 인상적인 장소는 에이다가 처음 발을 딛는 카레카레Karekare 해변이다. 와이타케레Waitakere산맥에 둘러싸인 이곳은 외부와 교류가 적은, 인구 270여 명의 한적한 바닷가 마을이다. 하지만 뉴질랜드 최대 도시인 오클랜드에서 차로 얼마 되지 않는 거리라 완전히 벽촌은 아니다. 파도를 즐기는 서핑족과 내륙의 폭포를 구경하러 오는 관광객이 많으며, 느긋하게 해변을 거니는 사람들도 눈에 띈다.

이곳의 험준한 지형은 지금으로부터 수백 년 전에 거대한 해저 화산이 분화하며 빚어졌다. 와이타케레산맥은 이 화산의 우측면이 융기와 침식을 겪으며 형성된 것이다. 이때 함께 생겨난 카레카레 해변의 거대한 파수꾼 바위Watchman Rock와 태즈먼해에 우뚝 선 피라미드 형태의 파라타히Paratahi섬도 오늘날까지 거센 파도의 공격을 묵묵히 이겨내고 있다.

카레카레 지역에 인류가 뿌리내리기 시작한 것은 13세기부터이다. 17세기에 '테 카웨라우 아 마키(Te Kawerau ā Maki, 마오리 이위족–역주)'라는 종족이 파수꾼 바위에 파(pa, 요새)를 세운 다음, 쿠마라(kumara, 뉴질랜드의 고구마–역주)를 심고 바위에서 물고기를 낚으며 생활했다. 그러다가 1825년에 소총으로 무장한 북섬의 나푸히Ngapuhi족이 이곳의 주민들을 거의 남김없이 살육하는 참극이 벌어졌다. 이때부터 카레카레에는 '마우아하라누이Mauaharanui'라는 별칭이 붙었다. 죄악의 장소라는 뜻이다.

이런 비극적인 역사를 겹쳐 보면 〈피아노〉의 우울하면서도 매혹적인 분위기가 한결 더 처연하게 다가온다.

작품명 〈레버넌트: 죽음에서 돌아온 자〉(알레한드로 곤잘레스 이냐리투, 2015)

배경 광포한 자연이 살아 있고 인간들이 핏빛 다툼을 벌이는, 캐나다의 장엄한 산속 미개척지

앨버타
ALBERTA

해질녘에만 볼 수 있는 티 없이 맑고 깨끗한 햇살. 그 극도로 순수한 빛줄기가 곧게 뻗은 가문비나무 사이로 비껴든다. 잎가지가 사르르 몸을 떨며 고대의 지혜를 속삭인다. 시커먼 냇물 위로 낮게 깔린 물안개가 초목을 간지럽히다가, 조용히 사색 중인 무스의 뿔을 휘감는다.

땅거미가 내려앉은 하늘 위로 산새 두 마리가 원을 그리며 빙빙 돈다. 거대한 산들은 자신의 그림자 아래서 벌어지는 인간들의 희비극에 싸늘한 시선을 던진다. 바로 이곳에서 서양 문명은 승리를 거뒀으되 패배의 쓴잔을 들어야 했고, 한 남자는 살아남기 위해 처절하게 몸부림을 쳤다.

〈레버넌트: 죽음에서 돌아온 자*The Revenant*〉(감독 알레한드로 곤잘레스 이냐리투Alejandro González Iñárritu)는 로키산맥이라는 가혹한 대자연을 배경으로 비극과 역경, 복수와 인내에 관해 이야기한다. 원시적이고 단순하게, 언어가 아닌 침묵으로 더 많은 것을 설명해준다. 이리저리 배회하는 카메라워크와 산속 풍경의 상호작용, 그리고 시시각각 변하는 빛을 통해 조명되는 자연의 아름다움과 난폭함이야말로 이 영화의 진정한 주역이다. 촬영감독인 엠마누엘 루베즈키Emmanuel Lubezki가 아카데미 촬영상을 거머쥔 것은 당연한 결과라고 할 수 있다.

이 영화는 실화를 바탕으로 만들어졌다. 필라델피아 출신의 모피 사냥꾼인 휴 글래스(레오나르도 디카프리오Leonardo DiCaprio 분)는 1823년에 회색곰의 공격으로 중상을 입고 동료들에게 버려졌다. 겨우 목숨만 붙어 있던 그는 어떻게든 살아서 복수하겠다는 일념으로 걸을 수도 없는 몸을 이끌고 320킬로미터나 되는 거리를 이동했다. 그 과정에서 야생동물과 혹한의 강물, 경쟁 관계인 패거리, 원주민의 화살 등 수많은 위험을 이겨냈다.

글래스가 실제로 이러한 시련을 겪은 곳은 사우스다코타South Dakota주의 미주리Missouri강이었다. 당시는 강인하고 영리해야만 살아남을 수 있는 산사람들의 시대로, 이들은 한밑천을 잡기 위해 야생의 땅으로 모험을 떠났다. 이러한 모험을 가능케

해준 장본인이 탐험가 루이스Lewis와 클라크Clark였는데, 두 사람은 1804년에 미주리강 유역을 조사하라는 명령을 받고 태평양 연안까지 갔다가 돌아오는 대장정을 완성했다. 그 후로 본격적인 서부 개척 시대가 열렸고, 원주민들의 전통적인 생활 방식은 무너져내렸다.

하지만 이냐리투 감독이 주인공인 휴 글래스를 떨어뜨려 놓은 곳은 미국이 아닌 캐나다 앨버타주 남부의 산악 지대였다. 로키산맥이 시작되고, 강물이 구불구불 휘몰아치며, 때 묻지 않은 자연의 풍광이 남아 있는 변방의 얼어붙은 땅이다. 실제 사건이 일어났던 곳과 지리적으로는 차이가 있지만 가장 비슷한 분위기를 간직하고 있다.

이 영화에서 가장 중요하게 취급되는 게 바로 분위기이다. 서부 개척 시대의 야만적이고 잔혹한 삶의 극한을 보여주기 위해 이 영화는 캐나다의 산간벽지에서 오직 자연광만을 이용해 촬영했다. 특수효과도 최소한으로 제한해 야생의 정수를 담았다. 짐승의 이빨과 발톱에서 시뻘건 피가 뚝뚝 떨어지는 탐욕스러운 모험에 나선 인간들은 그보다 더 피비린내 나는 약탈과 정복을 이어간다. 흙먼지와 땟국물, 땀과 점액이 뒤섞인다. 나무들이 몸을 떨고, 눈밭에 발자국이 찍히며, 하얀 강물이 요동치고, 붉은 피가 흘러내린다.

영화의 도입부에서는 모피 회사에 고용된 일꾼들이 로키산맥에서 작업하는 중에 아리카라 원주민 부족(리 부족이라고도 불림)이 활을 쏘며 공격해온다. 강기슭의 습생림에서 무참한 살육이 벌어지는 이 장면은 스토니 나코다Stoney Nakoda 지역에서 촬영되었다. 캘거리 서쪽에 있는 생태 보호 지역인데, 지역 주민 100여 명이 엑스트라로 참여했다. 원조 '산사람'들의 활동 무대였던 스토니 나코다는 오래전부터 철저하게 보호해온 땅이라 산업화 이전의 미 서부를 어렵지 않게 떠올리게 된다.

인근의 카나나스키스 컨트리Kananaskis Country에서는 더 많은 장면이 촬영되었다. 로키산맥의 산기슭과 산 전면부가 주요 촬영지였는데, 이 지역에는 보 밸리 와일드랜드Bow Valley Wildland와 스프레이 밸리Spray Valley 주립공원 등 생태 보호 구역이 드넓게 펼쳐져 있다. 장엄한 산봉우리와 침엽수림, 눈부신 호수가 사방을 둘러싸고 있으며, 초롱꽃과 인디언 페인트브러시, 분홍바늘꽃, 노던 베드스트로 등의 야생화가 산천에 흐드러지게 피어난다. 혹한기에는 낮이 짧고 기온이 영하 25℃까지 떨어지는 날도 허다하다.

영화 속 모피 사냥꾼들의 기지인 포트 키오와Fort Kiowa는 보 밸리의 데드맨스 플랫Dead Man's Flats이라는 산골 마을에 건설한 세트장이다. 실제로 1820년대에 미주리강 유역에 있던 모피 회사의 시설을 참고했으며, 주립공원에서 폐기한 오래된 목재를 모아서 실제처럼 간소한 숙소와 사무동 등을 제작했다. 그밖에 포트리스 마운틴 리조트Fortress Mountain Resort 인근 해발 2,500m 고원의 두꺼운 눈밭에서 촬영한 장면도 있으며, 엘보 리버 캐니언Elbow River Canyon과 엘보 폭포Elbow Falls의 물줄기, 살얼음이 낀 로어 카나나스키스 호수Lower Kananaskis Lake, 폭스산Mount Fox과 인디패티거블산Mount Indefatigable 등도 두루 사용되었다.

카나나스키스를 벗어난 지역도 나온다. 하늘에서 유성이 떨어지는 장면은 캘거리 북서쪽에 있는 드럼헬러Drumheller의 배드랜드Badlands에서 찍었다. 지구상에서 공룡 화석을 제일 많이 보유하고 있는 지역이다. 글래스가 새끼를 지키려는 어미 곰에게 공격당하는 무시무시한 장면은 스쿼미시 밸리Squamish Valley의 데린저 숲Derringer Forest에서 촬영했다. 브리티시컬럼비아주의 태평양 연안 쪽 경계부에 있으며, 밴쿠버에서 가깝다. 이곳의 오래된 열대우림은 이끼류와 양치류가 무성해서 회색곰이 서식하기에 좋은 환경을 갖추고 있다. 물론 살아 있는 곰을 풀어놓고 촬영하지는 않았다.

〈레버넌트〉는 어마어마한 스케일과 강렬한 서사로 아름다우면서도 단호하게, 타문화권에 학살을 자행하고 자연을 갈취한 인류의 죄악을 조명한다. 촬영 중 따뜻한 치누크 바람(북미

지역에서 겨울부터 봄철에 부는 따뜻한 남서풍—역주)으로 앨버타의 눈이 돌연 녹아버리는 바람에 제작진은 영화의 마지막 장면을 위해 멀리 아르헨티나 남부의 티에라 델 푸에고Tierra del Fuego까지 옮겨가야 했다. 기후 변화의 심각성을 보여주는 일화라고 할 수 있다. 이처럼 자연은 이 영화를 통해 우리에게 많은 것을 이야기해준다.

작품명 〈록키〉(존 G. 아빌드센, 1976)

배경 배짱과 용기, 예술성, 도전 정신이 두둑한 약자들의 미국 도시

필라델피아
PHILADELPHIA

금빛으로 빛나는 72개의 기다란 석회암 계단. 올라가면 올라갈수록 정상은 점점 멀어지는 것만 같다. 한 걸음 한 걸음이 힘겨운, 강력한 도전 상대이다. 1920년대에 건설된 보자르Beaux-Arts 양식의 계단은 그렇게 체력의 한계를 시험하며 우리를 영광의 길로 인도한다. 마침내 정상에 올라 두 팔을 번쩍 치켜들고 저 멀리 도시의 스카이라인을 내다보면, 앞으로 몇 라운드는 더 뛸 수 있겠다는 자신감이 솟아난다.

〈록키*Rocky*〉(감독 존 G. 아빌드센John G. Avildsen)는 아메리칸 드림 그 자체이다. 주인공으로 출연한 실베스터 스탤론Sylvester Stallone은 3일 반 만에 이 영화의 대본을 완성했다. 필라델피아

빈민가에 사는 이탈리아계 이민자 록키 발보아의 성공담이다. 록키는 가방끈은 짧아도 선량한 인물로, 사채업자들의 미수금을 대신 받아 주거나 싸구려 클럽에서 2부 리그 권투 시합을 하며 생계를 꾸려가고 있다. 그러던 어느 날, 세계 헤비급 챔피언인 아폴로 크리드(칼 웨더스Carl Weathers 분)를 상대로 타이틀 매치를 벌일 엄청난 기회가 찾아온다.

피와 땀을 날것 그대로 보여주는 이 영화는 지극히 필라델피아다운 이야기이다. 의리를 중시하는 도시답게(한때 미국의 수도였던 필라델피아는 1776년에 건국의 아버지들이 독립선언문을 작성한 곳이기도 함) 필라델피아 사람들은 성깔 있는 약자라는 이 도시의 이미지를 자랑스럽게 여긴다. 수많은 강자에게 맞고 쓰러져도 몇 번이고 다시 일어서는 도전자와 자신을 동일시한다. 그래서 실베스터 스탤론은, 록키는 필라델피아 사람일 수밖에 없다고 단언했다.

영화 속 장면의 대부분은 (적은 예산에 맞추기 위해) 필라델피아 내에서 촬영했다. 그중에서도 가장 중요한 무대는 켄싱턴Kensington이다. 과거의 번영은 사라지고 초라하게 낙후해버린 이 도시에는 주로 노동자 계층이 거주한다. 붉은 벽돌 건물인 록키의 아파트도 실제로 이곳에 자리하고 있다. 터스컬럼가Tusculum Street 1818번지이다. 현관 앞 계단도 그대로 있으며, 아직

까지 건물 위로 기차가 덜컹덜컹 지나다닌다.

마이티 믹의 체육관이었던 3층짜리 건물(외관만 촬영) 또한 여기서 멀지 않다. 누추한 럭키 세븐 술집의 외관을 촬영한 건물과 록키가 사랑한 에이드리언(탈리아 샤이어Talia Shire 분)의 애완동물 상점도 근거리에 있었지만, 둘 다 지금은 철거되었다.

〈록키〉 촬영지 순례의 백미는 뭐니 뭐니 해도 록키가 달리던 길을 따라가 보는 것이다. 이 역사적이고 영감이 넘치는 도시를 더욱 폭넓게 감상할 수 있는 방법이기도 하다. 영화 속 록키처럼 어둑어둑한 새벽에 길을 나서면, 길가에 쌓인 쓰레기 더미와 기찻길, 굴뚝에서 연기를 내뿜는 공장들을 지나게 된다. 조금 더 가면 대리석과 석회암으로 된 거대한 건물이 나온다. 필라델피아 시청이다. 미국 내에서 가장 큰 지방자치단체 청사로, 1894년에 완공되었다. 이어서 스쿨킬Schuylkill강의 제방을 따라가다 보면 펜실베이니아 열차의 철도교인 아치형 석조 다리가 뒤편으로 서서히 모습을 드러낸다.

록키는 조깅을 하며 이탈리안 마켓도 지나간다. 9번가Ninth Street에 무려 열 블록에 걸쳐 뻗어 있는 이곳은 미국에서 가장 오래되고 규모가 큰 야외 시장 중 하나이다. 이탈리아계 이주민들의 상점이 몰려 있으며, 간편하게 피자 한 조각을 사 먹기에 좋은 곳이다.

또한 9번가는 원조 필리 치즈스테이크(Philly cheesesteak, 기다란 호기빵 사이에 얇게 저민 소고기와 살짝 녹은 치즈를 넣어 먹는 음식) 전문점인 팻츠 킹 오브 스테이크Pat's King of Steak의 탄생지이기도 하다. 1930년에 문을 연 노포에서 록키가 된 기분으로 치즈스테이크를 베어 먹는 기쁨을 누려볼 수 있다.

록키의 조깅 시퀀스에서 가장 인상 깊은 장면은 단연 필라델피아 미술관의 동쪽 계단(정식으로 '록키 계단'이라는 이름이 붙음)을 뛰어오르는 모습이다. 1928년에 완공된 이 미술관은 프랭크 게리Frank Gehry의 증축 설계를 거쳐 2021년에 완전히 새로운 모습으로 다시 태어났으며, 르네상스와 인상주의의 세계적인 작품들, 그리고 미국 국내 미술품을 대규모로 보유하고 있다.

하지만 그저 록키처럼 힘차게 계단을 뛰어오르고 싶어서 이곳을 찾는 방문객도 많다. 계단 위에서 운동화를 신은 록키의 두 발자국과 그의 이름이 새겨진 청동 풋프린트를 구경한 다음, 두 팔을 높이 들고 뒤로 돌아 벤저민 프랭클린 파크웨이Benjamin Franklin Parkway에서 다운타운으로 이어지는 스카이라인을 감상하는 건 필라델피아 관광의 필수 체험 코스이다.

계단 아래에 있는 록키의 동상도 그냥 지나쳐선 안 된다. 이 동상은 후속작인 〈록키 3〉에서 소품으로 사용되기도 했다. 허구의 예술과 현실의 예술이 만나는 순간이었다. 영화라는 허구의 이야기 속에서 포기를 모르던 필라델피아의 무명 권투 선수는 그렇게 현실 세계에 불멸의 이름을 남기며 스스로 하나의 전설이 되었다.

작품명 현기증(앨프리드 히치콕, 1958)
배경 가파른 언덕과 구불구불한 골목이 장관을 이루는 미국 서부의 도시

샌프란시스코
SAN FRANCISCO

평범함을 거부하는 샌프란시스코의 구릉지대. 급경사에서 아래를 내려다보면 정신이 그만 아찔해진다. 한 발자국만 잘못 디뎌도 아스팔트 바닥을 따라 언덕 아래 짙푸른 바다까지 데굴데굴 굴러갈 것만 같다. 그래서 샌프란시스코는 눈부시게 아름다운 동시에 우리를 혼란스럽게 하는 도시이다. 안개가 온 땅을 뒤덮고 복잡한 역사가 온 거리를 휘감고 있다. 불안정한 지층이 수시로 갈라지고 흔들리며, 풀썩 주저앉았다가는 다시 불쑥 솟아오른다. 이런 도시에서 사람이 쉬이 자제력을 잃는 것도 무리가 아니다.

〈현기증*Vertigo*〉은 앨프리드 히치콕Alfred Hitchcock이 연출한 심

리 스릴러/로맨스 명작으로, 샌프란시스코라는 도시와 밀접한 연관을 맺고 있다. 안개의 소용돌이에 갇혀버리기 일쑤인 이 불안정한 해안 도시는 영화의 배경이면서 그 자체로 하나의 메타포이다. 등장인물들은 샌프란시스코를 대표하는 언덕길을 내려가거나 그물망처럼 연결된 도로와 골목을 돌아다니면서 집착과 매혹, 광기의 심연으로 점점 더 깊이 빠져든다. 모든 것이 (물리적으로든 상징적으로든) 높은 곳에서 낮은 곳으로 내려간다. 지형도 정신 상태도, 인간의 뼈와 살도 추락을 거듭한다. 주인공인 존 '스코티' 퍼거슨(제임스 스튜어트James Stewart 분)의 집이 롬바르드Lombard가 900번지에 있는 것도 우연이 아니다. 샌프란시스코에서 가장 가파르고 꼬불꼬불해서 현기증을 유발하는 구역의 바로 코밑이다.

영화의 플롯도 이 길만큼이나 복잡하게 꼬여 있다. 경찰인 스코티는 범인을 추격하다가 동료 경관이 지붕에서 추락사한 후로 고소공포증을 앓게 된다(참고로 이 추격전이 벌어지는 곳은 러시안 힐 지구Russian Hill district의 테일러가Taylor Street). 결국 스코티는 조기 퇴직을 하지만, 얼마 안 가 부유한 동창에게 아내인 매들린(킴 노백Kim Novak 분)을 미행해달라는 부탁을 받고 이 일에 착수한다. 매들린의 증조모인 칼로타 발데즈는 1857년에 자살로 생을 마감했는데, 그 영혼이 아내에게 씐 것 같다는 사연이었다. 스코티는 이 말을 믿지 않지만 매들린의 뒤를 밟다가 괴로움에 신음하는 그녀에게 깊이 매료되고, 결국 배후의 사악한 계략에 말려들게 된다. 유령에 홀린 듯한 매들린이 증조할머니의 기억에 이끌려(적어도 그렇게 보인다) 차를 몰고 돌아다닐 때, 우리는 마치 관광객처럼 수상쩍은 뒷골목부터 거대한 골든게이트교까지 도시의 다양한 모습을 구경하게 된다.

이 투어가 시작되는 놉 힐Nob Hill은 샌프란시스코의 고지대에 있는 부유층 거주지이다. 1848년에 골드러시가 일어나자 샌프란시스코 경제는 호황을 맞이했고, 그 덕분에 돈방석에 오른 놉(nob, 부자라는 뜻의 속어-역주)들에게 이 언덕은 해안지대의 소란으로부터 멀리 떨어진 안전한 보금자리가 되어주었다. 스코티는 바로 이 길에서 자택을 나서는 매들린을 지켜본다. 이 호화로운 건물은 브로클뱅크Brocklebank 아파트로, 지금까지도 상류층의 주거지로 사용되고 있다. 그리고 여기서부터 스코티는 말 그대로 줄곧 내리막길을 걷게 된다.

스코티가 미행하는 동안 매들린은 꽃을 사고(실제로 발도치 가족이 운영하는 그랜트 애비뉴의 꽃집에서 촬영했는데, 이곳은 현재 폐업함) 샌프란시스코에서 가장 오래된 묘지인 미션 돌로레스 공동묘지Mission Dolores Cemetery에 들른다. 돌담 안에 커다란 주목과 미루나무, 부겐빌레아와 장미가 어우러져 있는 작고 아담

한 추모 공간이다. 북캘리포니아 최초의 멕시코인 주지사, 샌프란시스코 초대 시장 등 지역 명망가들이 묻혀 있으며, 아메리칸 원주민인 올론 부족 5천 명의 집단 묘지도 조성되어 있다. 하지만 칼로타 발데즈의 무덤은 현실에 존재하지 않는다. 영화 소품으로 쓰인 묘비가 한동안 보존되었으나 적절치 않다는 의견이 많아 결국 폐기되었다.

다음으로 매들린은 링컨 공원에 있는 리전 오브 아너Legion of Honor를 찾아간다. 보자르 양식(Beaux-Arts 양식, 18세기 초중반 프랑스에서 시작된 웅장하고 장식적인 건축양식–역주)의 이 미술관은 파리에 있는 레지옹 도뇌르Legion d'Honneur를 모델로 하여 만들어졌다. 1929년에 개관한 이곳은 고대부터 현대까지 6천여 년을 아우르는 미술품과 골동품을 보유하고 있다. 비록 영화에 나온 칼로타의 초상화는 없지만, 모네와 렘브란트, 로댕 등 세계적인 거장들의 작품을 관람할 수 있다.

매들린이 마지막으로 향하는 곳은 샌프란시스코의 랜드마크인 골든게이트교Golden Gate Bridge이다. 이 아르데코 양식의 진홍색 현수교는 지금껏 수많은 영화에 등장했지만, 〈현기증〉에서처럼 위협적인 분위기를 발산한 적은 거의 없었다. 다리 아래에서 올려다보는 시점으로 촬영했기 때문이다.

매들린은 포트 포인트Fort Point에 차를 세우는데, 골든게이트

교의 남쪽 끝에 자리한 이 으슥한 장소는 남북전쟁 당시 축조된 해안 요새이다. 그 위로 거대한 다리가 뻗어 있어 마치 피할 수 없는 운명이 주인공들의 머리에 검은 그림자를 드리운 것처럼 섬뜩한 느낌을 준다. 여기서 매들린은 해협에 몸을 던지고 스코티가 뒤따라 들어가 그녀를 구해준다. 1861년에 완공된 포트 포인트는 당초에 용도가 다하면 철거할 계획이었으나 결국 매들린처럼 살아남았고, 이 구조물과 다리를 잇는 아치가 특별히 제작되었다. 현재 포트 포인트는 국가 유적지로 지정되어 있다.

영화에는 샌프란시스코 이외의 지역도 등장한다. 붉은 삼나무 숲이 우거진 뮤어 우즈Muir Woods 국립공원(실제로는 빅베이슨 레드우드Big Basin Redwoods 주립공원에서 촬영)과 몬터레이 인근의 페블 비치Pebble Beach 등이다. 스코티와 매들린은 거센 파도가 몰아치는 바닷가와 우뚝 선 아름드리 사이프러스 나무 앞에서 서로를 부둥켜안는다.

이 영화에서 가장 결정적인 사건이 벌어지는 장소는 샌 후안 바티스타San Juan Bautista 선교원으로, 샌프란시스코에서 남쪽으로 150킬로미터 거리에 있다. 18세기 중반, 스페인은 아메리칸 원주민들을 가톨릭으로 개종시키고 태평양 연안을 식민지로 삼기 위해 캘리포니아에 21개의 선교원을 세웠다. 그중 1797년에 프란치스코 수도회에서 설립한 샌 후안 바티스타는 가장 큰 규모를 자랑한다. 전형적인 스페인 양식에 따라 회칠을 한 성당과 아치가 달린 어도비(adobe, 점토와 유기물을 섞어 건조시킨 천연 건축재–역주) 건물들이 넓은 광장을 둘러싸고 있다. 인접한 마을에는 그 밖에도 역사적인 건축물이 서른 채 남짓 보존되어 있어서, 19세기 캘리포니아의 분위기를 맛볼 수 있는 대표적인 지역이다.

영화에서 두 명의 여인이 추락사한 종탑은 실제 장소가 아닌 할리우드에 만든 세트장이었다. 원래 있던 종탑이 영화가 촬영되기 몇 년 전에 철거되는 바람에, 사운드 스테이지에 복제품을 제작한 것이다. 그럼에도 샌 후안 바티스타는 영화 〈현기증〉을 가장 잘 대변해주는 지역이라 할 수 있다. 이곳의 지표면 밑에 자리한 샌 안드레아스 단층은 수백만 캘리포니아 주민의 삶에 끊임없이 위협을 가하며, 히치콕 영화 못지않은 긴장과 서스펜스를 제공하고 있다.

작품명 〈똑바로 살아라〉(스파이크 리, 1989)
배경 가장 뜨겁게 달궈지면서 쿨함의 상징이 된 미국 뉴욕주의 동네

브루클린
BROOKLYN

뙤약볕에 거리가 용광로처럼 끓어오른다. 사람들은 분필 낙서로 뒤덮인 보도를 어슬렁거린다. 현관 앞 계단에 앉아 이성에게 집적거리거나 서로 욕을 하고 수다를 떠는 모습도 보인다. 거대한 붐박스에서 힙합 음악이 시끄럽게 흘러나오고, 술꾼 노인은 갈색 종이봉투에 숨긴 맥주를 홀짝거린다. 동네 아주머니들은 예언자 카산드라처럼 적갈색 주택의 창턱에 앉아 거리를 굽어본다. 기온이 점점 올라가며 마을 전체가 서서히 달아오르고, 뜨겁게 끓어오른 열기가 마침내 폭발하기에 이르는데…….

감독 겸 작가인 스파이크 리Spike Lee는 브루클린 출신으로,

뉴욕의 자치구들을 영화의 배경으로 삼아왔다. 1988년 여름, 세 번째 장편 영화 〈똑바로 살아라*Do the Right Thing*〉의 촬영을 앞둔 그는 흑인 인구가 대다수인 브루클린 북부 베드퍼드-스튜이버선트(Bedford-Stuyvesant, 약칭 베드-스튜이)의 한 구획을 통째로 빌렸다.

무더운 여름날을 배경으로 밝고 강렬한 색채를 발산하는 이 영화를 보고 있노라면, 어느새 격한 감정이 솟구친다. 손에는 땀이 흐르고 머리칼이 쭈뼛쭈뼛 서며, 마음속에선 분노가 이글거린다. 스파이크 리는 기온이 35℃가 넘어가면 살인율이 증가한다는 통계를 보고 이 이야기를 구상했다. 그날, 찌는 듯한 그 거리에서 과연 무슨 일이 벌어진 것일까?

그날은 여느 때와 다름없이 시작되었다. 거리를 오가는 사람들이 차례로 등장한다. 이탈리아계 이주민인 샐(대니 아이엘로Danny Aiello 분)은 가족끼리 경영하는 피자 가게의 문을 열고, 여기서 일하는 무키(스파이크 리 분)가 가게에 들어온다. 이어서 지혜로운 여장부 마더 시스터(루비 리Ruby Lee 분), 술에 취한 다 메이어(오시 데이비스Ossie Davis 분), 붐박스를 들고 다니는 라디오 라힘(빌 넌Bill Nunn 분) 등 다소 과장된 성격의 흑인 캐릭터들이 소개된다.

시간이 흐르며 인종 간의 갈등이 조금씩 분출되고, 해 질 무

QUINCY
STUYVESANT

렵에는 결국 충돌이 일어난다. 백인 경찰이 라디오 라힘을 죽이자 한바탕 폭동이 벌어지고, 피자 가게는 화염에 휩싸인다. 감독은 1980년대 뉴욕에서 빈번히 발생한, 흑인들이 백인 경찰관에게 살해당한 사건에서 영감을 얻었다고 하는데, 이러한 일은 30여 년이 지난 지금까지도 여전히 되풀이되고 있다.

이 영화는 리얼리즘을 위해 할리우드 스튜디오가 아닌 실제 장소에서 촬영되었다. 인종 및 정치 문제에 관한 당대의 정서를 담아내려면 현장의 분위기를 포착해야 한다는 게 스파이크 리의 신념이었다. 그리고 당시 베드-스튜이 지역보다 더 생생한 현장은 없었다.

이곳은 원래 아메리칸 원주민인 러나페Lenape족의 영토였다가 네덜란드 이주민들에 의해 농경지로 개간되었고, 1800년대 초에는 자유 흑인들이 모여 사는 미국 최초의 흑인 마을로 변신했다. 그러다가 맨해튼까지 도로가 연결되면서 중산층을 대상으로 한 석조 주택과 가로수 길이 들어서기 시작했다. (현재 베드-스튜이는 미국에서 가장 많은 빅토리아 양식의 건물을 보유한 지역으로, 1900년 이전에 지어진 8,800여 채의 건축물이 그대로 보존되어 있다.)

그러나 대공황을 겪은 후, 이번에는 아프리카계 이주민들이 이곳으로 쏟아져 들어왔다. 힙합 문화가 부상하고 인종 간 갈

등이 최고조에 이른 1980년대에는 뉴욕에서 두 번째로 큰 흑인 동네로 성장했다. '베드-스튜이, 죽기 아니면 까무러치기Do or Die'라는 정신이 퍼져나갔지만, 한편으로는 동네 전체가 마약과 폭력으로 얼룩져갔다. 그래서 스파이크 리는 영화 촬영 전에 경호팀을 고용해 주변의 마약 거래소를 폐쇄하고 세트장을 감시하게 하는 초강수를 두었다.

2015년, 영화 촬영지였던 스튜이버선트 애비뉴Stuyvesant Avenue의 렉싱턴Lexington과 퀸시Quincy 길 사이에 '똑바로 살아라 길Do the Right Thing Way'이라는 이름이 붙여졌다. 이 길의 남쪽 끝인 173번지에는 무키의 집이었던 2층짜리(지하실도 있음) 브라운스톤 건물이 있고, 거기서 몇 집을 지난 167번지는 마더 시스터가 창턱에 앉아 그날 벌어진 모든 일을 지켜보던 곳이다. 영화 속 샐의 피자 가게와 건너편의 한인 식료품점은 북쪽 공터에 지은 세트장이었으며, 촬영 후에 바로 철거되었다. 현재는 이 공간의 담벼락에 영화 〈똑바로 살아라〉를 기념하는 벽화가 그려져 있다.

영화가 개봉한 지 수십 년이 지난 지금, 베드-스튜이는 다시 한번 변화를 겪고 있다. 뉴욕 내에서 더 나은 주거 공간을 찾으려는 젊은 전문직 종사자들이 역사 깊은 고택들을 속속 사들이면서 이제 이 지역도 젠트리피케이션이 생겨난 것이다. 그런가 하면 비건 카페와 빈티지 상점들이 대거 들어서면서 '가장 쿨한 동네' 목록에도 심심치 않게 이름을 올리고 있다. 인종 구성도 달라지고 있는데, 2000년도에 흑인 또는 아프리카계 거주민이 전체 인구의 3/4을 차지했던 데 비해, 2015년에는 겨우 절반으로 줄어들었다.

그러나 베드-스튜이의 패기와 투지, 역사적 정체성, 정치의식, 공동체 정신은 아직 사라지지 않았다. 지금도 무더운 여름날이면 현관 앞 계단에 앉아 이웃끼리 큰소리로 대화를 나누는 모습을 얼마든지 목격할 수 있다.

작품명 〈델마와 루이스〉(리들리 스콧, 1991)

배경 아스라한 수평선과 광대한 협곡에서 자유가 넘실대는, 미국 유타주의 붉은 사막

데드호스포인트 주립공원

DEAD HORSE POINT STATE PARK

우렁찬 엔진음과 함께 광활한 사막에 거대한 흙먼지가 피어오른다. 눈앞에 펼쳐진 도로는 시원하게 뚫려 있다. 차를 모는 두 여인의 붉은 머리칼이 바람에 휘날린다. 여성을 비하하는 족속들을 마주하면 사납게 돌변하는 쌈닭들이다. 막다른 길에 다다르자 이들은 과거를 던져버리고 붉은 협곡을 향해 가속 페달을 밟으며 외친다, 우리 계속 달리자!

〈델마와 루이스*Thelma & Louise*〉는 1991년 개봉 당시 엄청난 반향을 불러일으켰다. 이 영화는 버디 무비이자 로드 무비이며 페미니즘 정신을 담은 우화로서, 두 여인이 이야기를 대담하게 전

개해나간다. 폭압적인 남편에게 쥐여살던 가정주부 델마(지나 데이비스Geena Davis 분)와 자유분방한 친구 루이스(수전 서랜던Susan Sarandon 분)는 둘만의 여행을 떠났다가, 델마를 강간하려는 남자를 루이스가 총으로 쏘면서 생각지도 못하게 범죄자가 된다. 미 대륙을 가로질러 서부로 도망치면서 두 사람은 점점 더 많은 위법 행위를 저지른다. 가부장적인 힘에 의지하지 않고 자유를 쟁취하려면 거친 방법을 선택할 수밖에 없었다. 그리고 그 여정에서 두 여자는 자신들의 본모습을 찾는다.

영화에서 두 사람은 메탈릭 그린 색상의 1966년형 포드 선더버드 컨버터블을 타고 아칸소에서 오클라호마로 넘어갔다가 뉴멕시코를 거쳐 애리조나로 향하고, 마지막에는 기어이 벼랑 너머로 날아오른다. 그에 앞서 루이스는 현재 위치를 몰라 두리번거리며 "아마도 우라질 그랜드캐니언 같은데"라고 말한다. 하지만 실제로는 그렇지 않았다. 사실 이 영화는 대부분 로스앤젤레스 근교에서 촬영했고, 인상적인 사막 장면은 리들리 스콧Ridley Scott 감독이 '세 번째 주연'이라고 부른 유타Utah주에서 찍었다.

오프닝 크레딧에 나오는 외길 도로는 유타와 콜로라도 주의 접경을 가르는 험준한 라 살La Sal 산맥에 있다. 사암 기둥들이 우뚝 솟아 있고 델마와 루이스가 과속 단속에 걸리는(그리

고 경관을 경찰차 트렁크에 가두는) 장소는 아치스 국립공원Arches National Park의 코트하우스 타워Courthouse Towers이다. 끝없이 펼쳐진 사막에서 경찰에게 추격당하는 장면은 시스코Cisco라는 유령 도시 인근에서 촬영했다. 이곳은 1880년대에 기차의 연료 공급을 위해 건설된 도시로, 오랫동안 방치된 채 잡초만 무성해 있었다. 그러던 중, 2015년에 한 미술가가 시스코를 사들여 입주 작가들이 창작 활동을 하는 독특하고 한적한 레지던시로 바꾸어놓았다.

꾀죄죄한 몰골을 한 델마와 루이스가 두 손을 맞잡고 황금빛 석양을 향해 차를 몰고 날아오르는 장소는 캐니언랜즈 국립공원Canyonlands National Park의 동편 끝에 있는 파슬 포인트Fossil Point이다. 데드호스포인트 주립공원의 남쪽으로, 콜로라도강의 청록색 물결이 S자로 굽어지는 구스넥Gooseneck을 내려다보고 있다. 콜로라도 평원이 몇백 년에 걸쳐 만들어낸 벼랑과 뷰트(butte, 정상은 평평하고 비스듬히 경사가 진 언덕–역주), 겹겹이 쌓인 메사mesa, 뾰족한 산봉우리 등이 장관을 이루는 곳이다. 타오르는 태양 아래서 대지는 메마르지만 영혼은 한없이 고양된다. 난간 하나 없는 낭떠러지는 위험과 자유의 경계에 아슬아슬하게 걸쳐 있다.

파슬 포인트에 가려면 셰이퍼 트레일Shafer Trail과 포태시 로드Potash Road라는 비포장도로를 지나야 하는데, 델마와 루이스 정도의 담력이 없으면 도전하기 힘든 길이다. 특히 셰이퍼 트레일은 가파른 절벽에 지그재그로 내리막이 이어져 있다. 원래는 아메리칸 원주민들이 만든 좁은 산길이었는데 훗날 양 몰이꾼들의 이동로가 되었고, 그 후에는 우라늄 운송 트럭의 전용 도로가 되기도 했다. 현재는 손에 땀을 쥐게 하는 오프로드 드라이빙 코스로 이용된다.

그보다 접근이 용이한 데드호스포인트 주립공원에서 파슬 포인트의 전경을 감상하는 것도 좋은 방법이다. 이곳은 파슬 포인트 북쪽의 광대한 평원에 불룩 튀어나온 좁다란 반도형의 땅이다. 19세기에 야생 무스탕(Mustang, 미국 서부의 대평원에 사는 작은 말-역주) 목장으로 사용된 곳으로, 카우보이들이 협소한 지협으로 말을 몰아 데드호스포인트의 울타리 안에 가두었다고 한다. 공원의 웨스트 림West Rim에 서면 험준한 협곡과 굽이치는 강 너머로 델마와 루이스가 최후의 선택을 감행한 언덕 돌출부로 이어지는 길을 내다볼 수 있다.

두 여인은 바로 여기서 영원한 해방을 가져다줄 낭떠러지를 향해 가속 페달을 밟는다. 그리고 마지막 숏에서 화면이 정지하며 이들의 자동차가 붉은 절벽 아래로 떨어지지 않고 영원히 날아가고 있는 듯한 착각을 불러일으킨다. 이 엔딩은 관객으로 하여금 희망을 품게 해준다. 두 사람은 죽은 게 아니라 자유를 얻었다고 믿어보는 것이다.

작품명 〈007 살인번호〉(테렌스 영, 1962)

배경 이국적이고 우아하지만 엄청난 음모가 도사리고 있는 카리브해의 낙원

자메이카
JAMAICA

경쾌한 칼립소 음악에 귀뚜라미 소리가 섞여들고, 야자나무와 부겐빌레아 사이로 부드러운 무역풍이 불어온다. 해변에서 선선한 바람을 맞으며 바텐더가 열정적으로 흔들어 준 칵테일을 홀짝인다. 이거야말로 최고의 신선놀음이 아닐까. 하지만 안타깝게도 이 섬은 겉보기처럼 평화로운 낙원이 아니다. 어두운 그림자가 도처에 어른거린다. 우리를 위험에서 구할 수 있는 건 오직 한 사람, 그 남자뿐이다.

제임스 본드James Bond는 세계 각지를 누비고 다닌다. 여권에 찍힌 도장이 그가 하룻밤을 보낸 미녀의 수만큼이나 많다. 하지만 이 시리즈의 첫 번째 영화는 오직 한 나라를 무대로 하고 있

다. 원작 소설의 작가인 이언 플레밍Ian Fleming이 사랑했던 나라, 자메이카이다.

1946년, 플레밍은 자메이카 북부 해안의 작은 바나나 수출항 오라카베사Oracabessa에 토지를 구매해 집을 짓고 골든아이Goldeneye라는 이름을 붙였다. 그리고 '일상의 평화와 완벽한 고독'을 찬양하며 소설 제임스 본드 시리즈를 전부 이곳에서 집필했다. 그중 여섯 번째 작품이 바로 〈007 살인번호〉(감독 테렌스 영Terence Young, 원제는 닥터 노[Dr. No]–역주)이다. 자택에서 창밖으로 내다보이는 하얀 모래와 푸른 바다에서 영감을 얻어 자메이카를 배경으로 하고 있다.

〈007 살인번호〉가 개봉된 1962년 10월은 자메이카가 식민 지배에서 벗어나 독립 국가가 된 지 2개월이 지난 시점이었다. 1655년부터 이곳을 통치한 영국은 자메이카를 노예무역의 거점으로 삼아 폭정을 펼쳤다. 영화 속 자메이카에서는 여전히 영국인들이 사회의 지배 세력으로 군림하고 있다. 동료 MI6(영국 비밀정보국 요원)의 실종 사건을 조사하기 위해 카리브해로 날아온 제임스 본드(숀 코너리Sean Connery 분)는 악당인 닥터 노(조셉 와이즈먼Joseph Wiseman 분)의 기지에 잠입해 원자력 무선 빔으로 NASA의 우주선 발사를 방해하려는 그의 음모를 저지한다.

이언 플레밍은 애초에 자메이카 관광 홍보용 TV 드라마를

염두에 두고 〈007 살인번호〉를 집필했다. 잇따른 살인과 자동차 추격전, 금속 의수를 단 악당은 조금 무리수였지만, 그것만 빼면 이 계획은 성공적이었다. 제임스 본드가 처음 도착한 곳은 킹스턴의 팰리세이도스Palisadoes 공항이다. 현재도 운영되고 있지만, 자메이카의 독립 협상을 이끈 정치인의 이름을 따서 노먼 맨리Norman Manley 국제공항으로 명칭이 변경되었다. 본드가 공항에 내리자마자 전후의 우중충한 영국 풍경은 사라지고 따뜻하고 활기찬 세상이 펼쳐진다. 이때부터 멋진 첩보원과 아름다운 여인, 이국적인 풍경과 잠재적 위기가 007 시리즈의 기본 설정으로 자리 잡게 되었다.

1960년대에 자메이카는 재력가와 유명인들에게 인기 있는 휴양지로 부상했다. 에롤 플린Errol Flynn, 엘리자베스 테일러 Elizabeth Taylor, 리처드 버턴Richard Burton, 트루먼 카포티Truman Capote 등이 이곳을 자주 찾았다. 〈007 살인번호〉에 지역색을 더해준 현지 출연자들의 면면도 화려한데, 공항에서 본드를 몰래 촬영하는 여인을 연기한 마거릿 르워스Marguerite LeWars는 1961년도 미스 자메이카이다.

공항을 나선 본드는 날쌘 컨버터블 자동차에 올라타고, 군데군데 선인장이 심어진 노먼 맨리 고속도로Norman Manley Highway를 달려 '정부 청사'로 향한다. 이 건물은 사실 국왕이 거주하는 궁전이었는데, 현재는 자메이카 총독 관저로 사용되고 있다.

본드의 다음 행선지는 포트 로열Port Royal 인근의 모건 항구Morgan's Harbour로, 팰리세이도스 도로의 서쪽 끝에 자리하고 있다. 이곳에서 쿼럴(존 키츠밀러John Kitzmiller 분)을 찾아내 해변 술집까지 따라 들어간 그는 지역 특산품인 레드 스트라이프 맥주 상자가 쌓여 있는 창고에서 주먹 다툼을 벌인다. 지금은 많이 쇠락했지만, 포트 로열(1494년에 건설)은 한때 카리브해에서 가장 큰 도시이자 무역의 중심지였다. 사유 선박들이 국가의 묵인하에 약탈을 일삼았고 도시 전체에 흥청망청한 분위기가 만연했다. 007이 활약하기에 안성맞춤인 장소라 할 수 있겠다.

이 영화에서 가장 흥미로운 장면은 배에서 내린 본드 일행이 울창한 삼림 지대를 지나 섬의 북쪽 해안으로 향하는 여정이다. 래핑 워터스Laughing Waters는 이언 플레밍의 별장에서 서쪽으로 약간 떨어진 곳으로, 얕은 계곡을 따라 물살이 꿈틀대며 바다로 흘러나가는 신비로운 공간이다. 바로 여기서 하얀색 비키니를 입은 허니 라이더(우슬라 안드레스Ursula Andress 분)가 해안가에 등장하며 영화 애호가들에게 처음 눈도장을 찍었다. 이곳은 일반인의 출입이 제한돼 있지만, 현지인 가이드를 고용하거나 배를 타고 지나며 구경할 수 있다. 현지 사람들도 몰래 드나든다.

본드와 라이더는 던강Dunn's River 인근에서 다정한 대화를 나누는데, 탄산염이 굳어져 만들어진 부드러운 바위 위로 폭포가 세차게 떨어져 바다로 흘러가는 모습이 장관이다. 이 강은 보통의 관광지처럼 쉽게 접근할 수 있다.

마지막으로 제임스 본드 촬영지 순례를 완성하려면, 오늘날에는 럭셔리 리조트로 운영 중인 골든아이에 찾아가 보자. 또 다른 007 시리즈의 주인공인 피어스 브로스넌Pierce Brosnan이 직접 심었다는 망고나무도 구경할 수 있다. 해안 절벽 위에 지어진 이언 플레밍의 별장에서 하룻밤을 묵으며, 잔잔한 파도 소리에 잠겨 비밀 요원들의 속삭임을 상상해 보는 건 어떨까.

작품명 〈모터사이클 다이어리〉(월터 살레스, 2004)
배경 혁명 전사를 탄생시킨 위대한 여정의 정점을 찍은, 페루 기착지

쿠스코/ 마추픽추
CUSCO & MACHU PICCHU

러닝타임 내내 흙먼지가 뿌옇게 피어오르는 가운데, 털털거리는 오토바이를 탄 두 남자가 드넓은 황야를 달려 역사의 현장으로 들어간다. 그들은 남미의 초원과 호수, 산맥과 사막을 잇달아 가로지른다. 남미에서 가장 강성했던 제국의 유적지도 방문하는데, 화려했던 영광이 온데간데없이 사라진 폐허는 쓸쓸함만을 안겨준다.

〈모터사이클 다이어리*The Motorcycle Diaries*〉는 에르네스토 게바라Ernesto Guevara가 전설적인 혁명가 '체Che'로 거듭나기 이전의 이야기이다. 에르네스토는 1952년에 알베르토 그라나도Alberto

Granado와 함께 장장 8천 킬로미터에 달하는 거리를 여행하며 수기를 남겼다. 영화는 이 기록을 바탕으로 두 젊은이의 성장을 그린 로드무비다. 두 사람은 처음으로 다른 나라를 돌아다니며 갖가지 소동을 벌인다. 하지만 그러는 중에 사회의 불평등에 조금씩 눈을 뜨고, 남미 대륙과 자기 자신에 대해 새로운 시각을 갖게 된다.

에르네스토(가엘 가르시아 베르날Gael García Bernal 분)와 알베르토(로드리고 데 라 세르나Rodrigo de la Serna 분)는 1939년식 노턴 Norton 500(이 오토바이의 이름은 힘센 녀석이라는 뜻의 '포데로사 La Poderosa')을 타고 부에노스 아이레스의 고급 주택가를 출발한다. 그리고 라틴 아메리카의 곳곳을 누비며 소달구지와 가우초(gauchos, 남미의 목동–역주), 폭설과 불볕더위, 험준한 산맥과 우중충한 평원, 수많은 메스티소(mestizo, 중남미 원주민과 백인의 혼혈 인종–역주)와 마주친다. 새로운 땅과 새로운 사상이 이들을 반겨준다.

파타고니아(Patagonia, 남아메리카 대륙의 최남단–역주) 북부의 레이크 디스트릭트Lake District를 지나 안데스산맥을 넘어서, 마치 달을 연상시키는 칠레의 아타카마 사막Atacama Desert을 횡단한 다음, 페루의 잉카 유적지를 둘러보고 아마존강을 따라 내려가 마지막으로 베네수엘라에 이르는 대장정이었다.

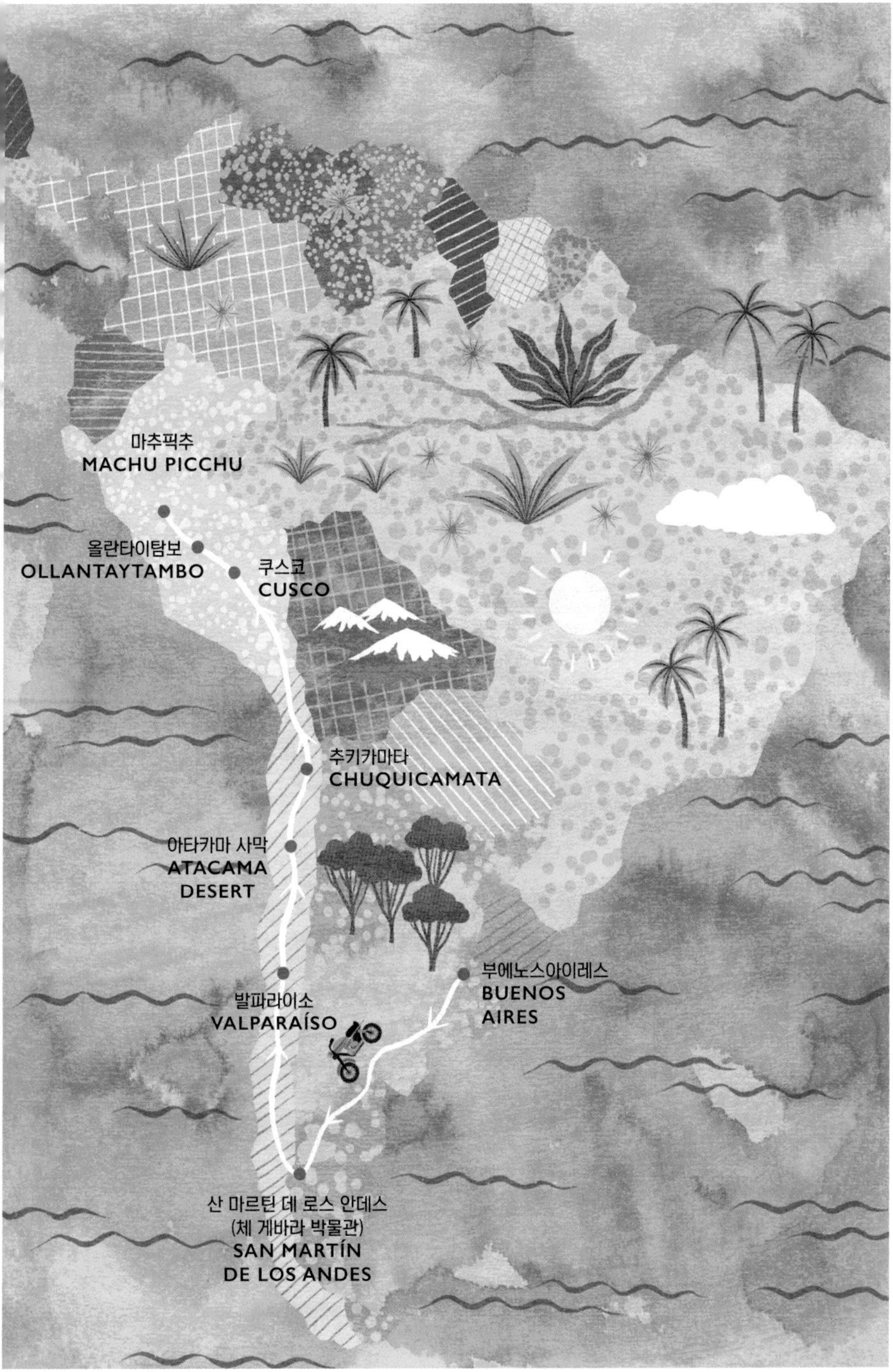
마추픽추
MACHU PICCHU
올란타이탐보
OLLANTAYTAMBO
쿠스코
CUSCO
추키카마타
CHUQUICAMATA
아타카마 사막
ATACAMA
DESERT
발파라이소
VALPARAÍSO
부에노스아이레스
BUENOS
AIRES
산 마르틴 데 로스 안데스
(체 게바라 박물관)
SAN MARTÍN
DE LOS ANDES

여행은 입을 다물 수 없을 만큼 경이로운 광경이 연속적으로 펼쳐졌다. 감독인 월터 살레스Walter Salles는 두 사람이 지난 길을 최대한 그대로 따라가며 실제 장소에서 촬영했다. 덕분에 우리는 영화를 통해 체 게바라처럼 아름다운 호수가 있는 산 마르틴 데 로스 안데스(San Martín de los Andes, 현재 이곳에는 체 게바라 박물관이 세워져 있음)를 감상하고, 칠레의 그림 같은 항구 도시 발파라이소Valparaíso의 구식 케이블카에 오르며, 믿기지 않는 빈곤의 참상을 실감하고, 칼라마 인근 추키카마타Chuquicamata의 구리 광산(현재도 운영 중이며, 사전 예약을 통해 관람이 가능)을 둘러볼 수 있다.

두 젊은이가 페루에 들어서면서, 카메라는 이제 빽빽한 삼림에서 나와, 보금자리를 빼앗긴 원주민들과 '대륙의 심장'인 쿠스코Cusco의 현실로 초점을 옮겨간다. 서기 1100년경에 잉카 제국의 수도로 건립된 쿠스코에는 정교하고 훌륭한 궁전들이 세워져 있었다. 그러나 1533년에 스페인이 이곳을 침략하면서 아르마스 광장Plaza de Armas의 성당을 비롯해 스페인 고유 양식의 건축물을 짓기 시작했다.

영화 〈모터사이클 다이어리〉에서는 서로 다른 양식의 건물을 나란히 보여주고, 과거의 영광이 무색할 만큼 가난에 시달리는 잉카 후손들의 이야기를 들려준다. 전통 의상을 입은 현지

아낙은 에르네스토와 알베르토에게 코카잎을 씹어보라며 건네는데, 해발 3,400m인 이 지역에서 흔히 겪는 고산병 증세를 완화시켜 준다고 한다.

이 장면들은 대부분 쿠스코에서 촬영했지만, 일부는 북서쪽의 사크레드 계곡Sacred Valley 우루밤바Urubamba 강변에 있는 올란타이탐보Ollantaytambo에서 촬영했다. 이곳의 오래된 길들은 쿠스코의 도로보다 좁아서 고요한 정취를 자아낸다. 올란타이탐보는 체 게바라보다 더 유명한 남미의 상징인 마추픽추로 가는 유일한 관문이기도 하다. 여기서 마추픽추Machu Picchu까지는 도보나 열차를 이용하는 두 가지 방법이 있다.

'잃어버린 도시'라고도 불리는 마추픽추는 1460년경에 건설되었다. 뜨거운 분지 안에 숨어 있는 데다 가파른 밀림이 그 주위를 둘러싸고 있어 스페인 정복자들이 끝내 찾아내지 못했고, 1911년에야 하이럼 빙엄Hiram Bingham이라는 탐험가가 이곳을 '재발견'했다.

에르네스토와 알베르토는 1952년 4월 5일에 마추픽추를 방문했다. 영화 속에서 두 사람은 이곳의 무너져내린 계단식 대지와 광장, 창고, 사원 등을 둘러본다. 화면에 비치는 마추픽추는 꽤 말끔한 상태이지만, 사실 1950년대만 해도 이곳을 찾는 관광객은 거의 없었다. 현재 복원된 외곽의 건물들도 당시에는 그

저 돌무더기에 불과했다. 그럼에도 마추픽추는 충분히 인상적인 장소였고, 체 게바라는 이곳을 "아메리카 대륙에서 가장 강력한 토착 종족이 정복자인 문명사회의 간섭 없이 만들어낸 순전한 작품"이라고 평했다. 또한 그는 이러한 개념을 발전시켜 멕시코에서 마젤란 해협까지 라틴 아메리카를 하나로 통일하겠다는 목표를 구상했다.

어둠 속에 감춰져 있던 마추픽추는 이제 세계적인 유적지가 되었고, 2007년에는 세계 7대 불가사의에 선정되었다. 사후에 더욱 큰 전설이 된 체 게바라처럼, 마추픽추도 역사에서 사라진 이후에 페루라는 국가를 대표하게 되었다. 드넓은 세계를 누비며 자신의 무지를 깨닫고 필생의 사명을 찾은 혁명 영웅의 탄생기가 궁금하다면, 영화 〈모터사이클 다이어리〉를 강력히 추천한다.